GUANGFU DIANZHAN SHEJI JISHU

光伏电站设计技术

蒋华庆　贺广零　兰云鹏　编著

中国电力出版社
CHINA ELECTRIC POWER PRESS

内 容 提 要

为便于光伏电站设计工作的交流，根据光伏电站设计工作实践经验，特编写此书。本书围绕获得更高经济效益的宗旨，对设计技术进行总结，侧重光伏设计部分。

本书共 9 章，包括光伏发电现状介绍和太阳能资源分析、主要光伏设备性能和特点，光伏设备的选型和布置，光伏电站发电量的计算，光伏方阵场电气设计和结构设计，并介绍了 PVsyst 软件的使用方法。对高倍聚光光伏、渔光互补和火电厂灰场光伏等领域也做了相应的介绍。

本书可供从事光伏电站设计的技术人员参考，也可供电力设备、建设有关方面技术人员阅读。

图书在版编目(CIP)数据

光伏电站设计技术/蒋华庆，贺广零，兰云鹏编著 . —北京：中国电力出版社，2014.3（2022.7重印）

ISBN 978-7-5123-5181-3

Ⅰ.①光…　Ⅱ.①蒋…　②贺…　③兰…　Ⅲ.①光伏电站-设计　Ⅳ.①TM615

中国版本图书馆 CIP 数据核字(2013)第 268755 号

中国电力出版社出版、发行

（北京市东城区北京站西街 19 号　100005　http://www.cepp.sgcc.com.cn）

北京九州迅驰传媒文化有限公司印刷

各地新华书店经售

*

2014 年 3 月第一版　　2022 年 7 月北京第六次印刷

710 毫米×980 毫米　16 开本　11.25 印张　206 千字

印数 6301—6600 册　　定价 35.00 元

前　言

我国各大设计单位从 2009 年起陆续开展了光伏电站的设计工作。本书的三位作者有幸参与完成了多项光伏电站科技项目以及 70 余项光伏电站工程设计和咨询工作，对光伏电站设计这项融合传统电力设计技术与光伏设计新技术的综合性技术有了些许自己的理解，期望将在设计实践中遇到的问题以及解决的方法写出来，与行业同仁们讨论、分享。

鉴于光伏电站设计技术包括传统电力设计和光伏设计新技术两部分，前者已经非常成熟，本书着重阐述光伏设计新技术部分。

在全书的章节安排上，主要的思路是：首先介绍光伏电站的能量来源——太阳能，然后介绍主要光伏设备的性能和特点，在此基础上介绍光伏设备的选型和布置，并介绍发电量的计算。之后两章分别从电气专业、结构专业的角度对光伏电站的电气设计和结构设计进行介绍。最后一章介绍了 PVsyst 软件的使用方法，供读者参考。

本书的大部分内容是围绕如何获取更高的经济收益这一宗旨进行的。同时，针对目前热门的高倍聚光光伏、渔光互补和火电厂灰场光伏等领域也做了相应的介绍。

本书第 1 章～第 6 章、第 9 章由蒋华庆编写，第 7 章内容由蒋华庆和兰云鹏共同编写，第 8 章由贺广零编写，全书由蒋华庆统稿。国家气候中心申彦波、中广核太阳能公司曹晓宁、新疆电力设计院吕平洋、云南省电力设计院陈祥、华北电力设计院贾海侠等业内的专家、学者对本书进行了审阅，并提出了许多宝贵的意见和建议，在此表示衷心的感谢。

虽然作者已经对本书进行了认真的校核，并请业内专家进行了审阅，但是由于水平所限，书中仍然难免存在错误，敬请读者指正。联系邮箱：jhq1982@gmail. com。

　　本书在编写过程中，借鉴了大量的资料，引用的资料均列在参考文献中。在此，对这些资料的所有者表示衷心的感谢。另外，虽然已经尽力避免，仍然可能存在某些引用资料未出现在参考文献中，在此，作者表示真挚的歉意，并请及时联系我们；以便再版时予以补正。另外，蒋华庆、贺广零等两位编著者借此机会感谢华北电力设计院及院里有关同事的支持和帮助。

编著者

2013 年 12 月

目　录

第1章 绪 论

1.1 太阳能光伏发电发展状况

现代物理学研究认为，太阳光是由不同频率的光子组成的；光子是光线中携带能量的粒子。太阳能光伏发电就是利用光子激发半导体物质中的电子从而产生光生伏特效应（即"光伏效应"），将太阳能直接转换为电能的一种发电方式。目前，太阳能光伏发电技术已经成熟，系统造价已经与风电接近。它具有建设周期短、适应范围广、运营维护量小和清洁环保等优点，因此，在全球范围内已经得到了广泛应用。

1.1.1 世界范围内光伏发电情况

2000～2003 年，全球每年新增光伏装机容量 200～600MW；到 2004 年，新增装机容量突破 1GW；从 2008 年开始，年新增装机容量出现爆发性增长，特别是 2010～2012 年这三年的年新增装机容量分别达到 16.8GW、31.3GW 和 30GW，这主要得益于光伏组件价格的大幅下降。2000～2012 年全球累计装机容量及当年新增装机容量见表 1-1 和图 1-1。

表 1-1　　　　2000～2012 年全球累计装机容量及当年新增装机容量

年份	当年年底累计装机容量（MW）	当年新增装机容量（MW）
2000	1425	—
2001	1753	328
2002	2220	467
2003	2798	578
2004	3911	1113
2005	5340	1429
2006	6915	1575
2007	9443	2528
2008	15 772	6329
2009	23 210	7438
2010	40 019	16 809
2011	71 271	31 252
2012	101 271	30 000

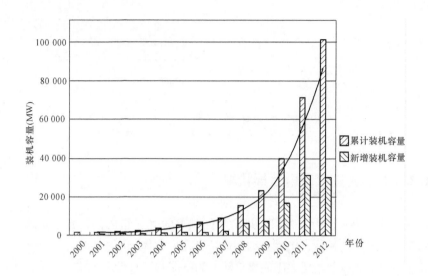

图 1-1 2000～2012 年全球累计装机容量及当年新增装机容量

根据欧洲光伏协会（EPIA）的统计，截止到 2012 年底，全球光伏累计装机容量的前 6 名分别是德国、意大利、美国、中国、日本和西班牙，见表 1-2。

表 1-2 全球光伏累计装机容量前 6 名（截止到 2012 年底）

排 名	国 家	至 2012 年底累计装机容量（MW）
1	德国	32 278
2	意大利	16 250
3	美国	7583
4	中国	7000
5	日本	6914
6	西班牙	5100

1.1.2 中国光伏发电发展情况

进入 21 世纪以来，中国太阳能光伏产业发展迅速。特别是 2004 年之后，在欧洲市场的大力拉动下，更是飞速发展。到 2007 年，中国已经成为光伏组件第一大生产国。

2008 年金融危机后，光伏组件的海外市场受到影响，为了刺激国内光伏需求，国家陆续推出了一系列政策和措施，主要的政策如下。

（1）2008 年 12 月，国家第一个光伏并网特许权项目——甘肃敦煌 10MW 光伏电站正式招标。该项目最终中标价 1.09 元/(kW·h)(含税)。

（2）2009 年 3 月，财政部推出"光电建筑一体化"补贴政策。规定：光伏组件作为建材或构件时，补贴不超过 20 元/W；与屋顶或墙面结合时，补贴不超过

15 元/W。

（3）2009 年 7 月，光伏"金太阳"政策出台，补贴范围：大型光伏电站（大于 300kW）；补贴比例：并网光伏电站及配套输配电工程按总投资的 50% 补贴，上网电价按当地脱硫标杆电价。

（4）2010 年 7 月，国家第二批光伏并网特许权项目发标，共 13 个项目 280MW。最终中标价格从 0.7288 元/(kW·h)（含税）到 0.990 7 元/(kW·h)（含税）不等。

（5）2011 年 7 月 24 日，国家发展改革委发布《关于完善太阳能光伏发电上网电价政策的通知》（发改价格〔2011〕1594 号），制定了全国统一的太阳能光伏发电标杆上网电价：2011 年 7 月 1 日以前核准建设、2011 年 12 月 31 日建成投产、尚未核定价格的太阳能光伏发电项目，上网电价统一核定为 1.15 元/(kW·h)；2011 年 7 月 1 日及以后核准的太阳能光伏发电项目，以及 2011 年 7 月 1 日之前核准但截至 2011 年 12 月 31 日仍未建成投产的太阳能光伏发电项目，除西藏仍执行 1.15 元/(kW·h)的上网电价外，其余省(区、市)上网电价均按 1 元/(kW·h)执行。

（6）2013 年 7 月 15 日，国务院发布《关于促进光伏产业健康发展的若干意见》（国发〔2013〕24 号），提出：要大力开拓分布式光伏发电市场，有序推进光伏电站建设；2013～2015 年，年均新增光伏发电装机容量 1000 万 kW 左右，到 2015 年总装机容量达到 3500 万 kW 以上。

（7）2013 年 8 月 30 日，国家发展改革委出台了《关于发挥价格杠杆作用促进光伏产业健康发展的通知》（发改价格〔2013〕1638 号）。通知明确：根据各地太阳能资源条件和建设成本，将全国分为三类资源区，分别执行 0.9、0.95、1 元/(kW·h)的标杆上网电价，见表 1-3。对分布式光伏发电项目，实行按照发电量进行电价补贴的政策，电价补贴标准为 0.42 元/(kW·h)。

表 1-3　　　发改价格〔2013〕1638 号规定的全国光伏电站标杆上网电价

元/(kW·h)，含税

资源区	光伏电站 标杆上网电价	各资源区所包括的地区
I 类	0.90	宁夏，青海海西，甘肃嘉峪关、武威、张掖、酒泉、敦煌、金昌，新疆哈密、塔城、阿勒泰、克拉玛依，内蒙古除赤峰、通辽、兴安盟、呼伦贝尔以外地区
II 类	0.95	北京，天津，黑龙江，吉林，辽宁，四川，云南，内蒙古赤峰、通辽、兴安盟、呼伦贝尔，河北承德、张家口、唐山、秦皇岛，山西大同、朔州、沂州，陕西榆林、延安，青海、甘肃、新疆除 I 类外其他地区
III 类	1.0	除 I 类、II 类资源区以外的其他地区

注　西藏自治区光伏电站标杆电价另行制定。

与上述政策支持相对应的是：在 2009 年之前，中国每年新增的光伏装机容量不过数十兆瓦，2009 年和 2010 年则达到了数百兆瓦。从 2011 年 7 月固定上网电价政策发布之后，中国的年新增光伏装机容量出现了爆发性增长，2011 年、2012 年每年的新增光伏装机容量分别为 2.7GW 和 3.5GW。2006～2012 年中国各年光伏发电累计装机容量和当年新增装机容量分别见表 1-4 和图 1-2。

表 1-4　2006～2012 年中国各年光伏发电累计装机容量和当年新增装机容量　　　MW

年　份	当年底累计装机容量	当年新增装机容量
2006	80	12
2007	100	20
2008	145	45
2009	373	228
2010	893	520
2011	3500	2607
2012	7000	3500

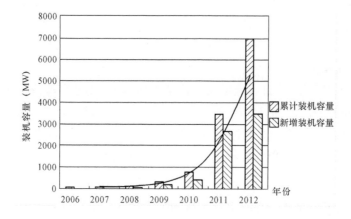

图 1-2　2006～2012 年中国各年光伏发电累计装机容量和当年新增装机容量

1.2　光伏电站设计过程

我国工程项目建设一般分为项目策划与决策、项目准备、项目实施、项目竣工与验收等四个阶段，光伏电站的设计也可按这四个阶段进行划分。

1.2.1　项目策划与决策阶段

该阶段的主要任务是对工程项目投资的必要性、可能性、可行性以及为什么要投资、何时投资、如何实施等重大问题进行科学论证和多方案比较。

工程项目决策依据的可行性研究报告是该阶段工作的核心。光伏电站可行性研究报告编制的主要依据是 GD 003—2011《光伏发电工程可行性研究报告编制办法》。

根据国家能源局 2013 年 8 月 29 日发布的《光伏电站项目管理暂行办法》（国能新能〔2013〕329 号）、2013 年 11 月 18 日发布的《分布式光伏发电项目管理暂行办法》（国能新能〔2013〕433 号），国家对光伏电站及分布式光伏发电项目均实行备案制管理。

《光伏电站项目管理暂行办法》规定，"省级能源主管部门依据国务院投资项目管理规定对光伏电站项目实行备案管理"，"光伏电站项目接网意见由省级电网企业出具，分散接入低压电网且规模小于 6 兆瓦的光伏电站项目的接网意见由地市级或县级电网企业出具"。各地对光伏电站备案管理一般有相应的细则。如内蒙古自治区规定光伏电站由盟市能源主管部门实行备案管理，备案基本条件包括：（一）甲级资质工程咨询单位编制的备案申请报告；（二）盟市级维稳部门出具的项目社会稳定低风险认定意见。

《分布式光伏发电项目管理暂行办法》明确规定：对于分布式光伏发电项目，"免除发电业务许可、规划选址、土地预审、水土保持、环境影响评价、节能评估及社会风险评估等支持性文件"，"以 35 千伏及以下电压等级接入电网的分布式光伏发电项目，由地级市或县级电网企业按照简化程序办理相关并网手续，并提供并网咨询、电能表安装、并网调试及验收等服务"。

1.2.2　项目准备阶段

项目备案后，就可以进入项目准备阶段。

在条件具备时，项目业主应在初步设计开展之前对光伏组件、逆变器等主设备进行招标。设计方一般应提供相应主设备的技术规范书。

初步设计的编制是本阶段的核心工作，其依据是批准的可行性研究报告。初步设计的任务是确定全站性的设计原则、设计标准、设计方案和重大技术问题。

1.2.3　项目实施阶段

项目实施阶段设计方的主要任务是围绕工程建设的需要，提供如下产品或服务：①提供其他设备的技术规范书供业主招标使用，并参与签订最终的技术协议；②绘制施工图图纸，作为现场施工、安装的主要依据；③提供现场技术服务等。

1.2.4　项目竣工阶段

在项目竣工阶段，设计方的主要任务是编制竣工图。

因为在施工过程中难免对施工图有修改，为了让客户（建设单位或者使用者）能比较清晰地了解管道的实际走向和设备的实际安装情况，国家规定在工程竣工之后施工单位必须提交竣工图。但在实际操作中，很多情况下是施工单位提供现场的变更单和工程联系单，由设计方进行竣工图纸的编制。

1.2.5 国内光伏电站设计相关标准

2009年之前，国内的光伏标准主要是翻译的IEC标准。从2010年开始，为了适应国内光伏发电的发展，国内陆续制定、颁布了一大批光伏电站设计标准，这些标准的出台为光伏电站的设计提供了依据。截至2013年9月，国内已经实施的光伏设计相关标准见表1-5。

表 1-5 中国现行光伏电站设计标准一览表

标准编号	标准名称	发布部门	实施日期
GB/T 2297—1989	太阳光伏能源系统术语	信息产业部（电子）	1990-1-1
GB/T 9535—1998	地面用晶体硅光伏组件 设计鉴定和定型	国家质量技术监督局	1999-6-1
GB/T 18479—2001	地面用光伏（PV）发电系统概述和导则	国家质量监督检验检疫局	2002-5-1
GB/T 18911—2002	地面用薄膜光伏组件 设计鉴定和定型	国家质量监督检验检疫局	2003-5-1
GB/T 19939—2005	光伏系统并网技术要求	国家质量监督检验检疫局	2006-1-1
GB/T 20046—2006	光伏（PV）系统电网接口特性	国家质量监督检验检疫局	2006-2-1
GB/T 20047.1—2006	光伏（PV）组件安全鉴定 第1部分：结构要求	国家质量监督检验检疫局	2006-2-1
GB/T 20513—2006	光伏系统性能监测 测量、数据交换和分析导则	国家质量监督检验检疫局	2007-2-1
GB/T 16895.32—2008	建筑物电气装置 第7-712部分：特殊装置或场所的要求 太阳能光伏（PV）电源供电系统	国家质量监督检验检疫局	2010-2-1
10J908-5	建筑太阳能光伏系统设计与安装	住房和城乡建设部	2010-3-1
JGJ 203—2010	民用建筑太阳能光伏系统应用技术规范	住房和城乡建设部	2010-8-1
GB 24460—2009	太阳能光伏照明装置总技术规范	国家质量监督检验检疫局	2010-12-1

标准编号	标准名称	发布部门	实施日期
GD 003—2011	光伏发电工程可行性研究报告编制办法	水利水电规划总院	2011-5-1
JGJ/T 264—2012	光伏建筑一体化系统运行与维护规范	住房和城乡建设部	2012-5-1
GB 50794—2012	光伏发电站施工规范	住房和城乡建设部	2012-11-1
GB/T 50795—2012	光伏发电工程施工组织设计规范	住房和城乡建设部	2012-11-1
GB/T 50796—2012	光伏发电工程验收规范	住房和城乡建设部	2012-11-1
GB 50797—2012	光伏发电站设计规范	住房和城乡建设部	2012-11-1
NB/T 32001—2012	光伏发电站环境影响评价技术规范	国家能源局	2012-12-1
GB/T 28866—2012	独立光伏（PV）系统的特性参数	国家质量监督检验检疫局	2013-2-15
GB/T 19964—2012	光伏发电站接入电力系统技术规定	国家质量监督检验检疫局	2013-6-1
GB/T 29196—2012	独立光伏系统 技术规范	国家质量监督检验检疫局	2013-6-1
GB/T 29319—2012	光伏发电系统接入配电网技术规定	国家质量监督检验检疫局	2013-6-1
GB/T 29320—2012	光伏电站太阳跟踪系统技术要求	国家质量监督检验检疫局	2013-6-1
GB/T 29321-2012	光伏发电站无功补偿技术规范	国家质量监督检验检疫局	2013-6-1
GB/T 13539.6—2013	低压熔断器 第6部分：太阳能光伏系统保护用熔断体的补充要求	国家质量监督检验检疫局	2013-7-1
GB/T 50866—2013	光伏发电站接入电力系统设计规范	住房和城乡建设部	2013-9-1

第 2 章 太阳能资源分析

光伏电站的设计是围绕如何将太阳能高效转换为电能这一中心来进行的。从能量转换的角度看，太阳能是光伏电站的能量来源，因此太阳能资源分析是光伏电站设备选型、布置和发电量计算的基础。

2.1 太阳辐射及太阳能资源

2.1.1 太阳辐射

太阳光穿过大气层到达地面的过程中，有一部分太阳辐射被空气分子、云和空气中的各种微粒分散成无方向性的、但不改变其单色组成的辐射，称为散射辐射；其余太阳辐射由太阳直接发出而没有被大气散射改变投射方向，称为直接辐射（direct normal irradiance，DNI）。水平面从上方 2π 立体角范围内接收到的直接辐射和散射辐射，称为总辐射。

水平面上接收到的直接辐射称为水平面直接辐射。总辐射等于水平面直接辐射与散射辐射之和。

反射辐射是指太阳辐射被表面折回的、而不改变其单色组成的辐射。

太阳辐射具有周期性、随机性和能量密度低等特点。

（1）周期性。太阳辐射的周期性是由地球自身的自转以及地球围绕太阳公转产生的。

（2）随机性。地球表面接收到的太阳辐射受云、雾、雨、雪、雾霾和沙尘等因素的影响。这些因素的随机性决定了太阳辐射的随机性。

（3）能量密度低。根据世界气象组织 1981 年发布的数值，地球大气层外日地平均距离处的直接辐射辐照度为（1367±7）W/m^2，此值被称为太阳常数。地面接收到的太阳总辐射强度一般会低于太阳常数。

2.1.2 影响地面接收到的太阳辐射的因素

地表水平面接收到的太阳总辐射量受大气质量、当地纬度、大气气象条件和海拔等因素影响。

（1）大气质量。大气质量为太阳光线穿过地球大气的路径与太阳光线在天顶方向时穿过大气路径之比，用 AM 表示。对于一个理想的均匀大气，可通过式（2-1）计算得到

$$AM = \frac{1}{\cos\theta_{zs}} \qquad (2-1)$$

式中：θ_{zs} 为太阳光线与天顶方向的夹角，见图 2-1。

在大气质量 $AM=1$ 时，晴朗天气条件下到达海平面的直接辐照度 E_b 从太阳常数减少到约 1000W/m^2。对通常的 AM 值，E_b 与 AM 的拟合关系可以用式（2-2）表示，即

$$E_b = B_0 \times 0.7^{AM^{0.678}} \qquad (2-2)$$

式中：B_0 为太阳常数。

当太阳辐射进入地球大气后，光谱成分也受到了影响。图 2-2 给出了 AM0 光谱分布（地球大气层外日地平均距离处接收到的太阳辐射的光谱）和 AM1.5 光谱分布（倾角为 37°、朝向正南的方阵面上接收到的总辐射的光谱）。若将该 AM1.5 光谱在整个波长范围内对功率密度进行积分，结果约 970W/m^2。将图 2-2 中 AM1.5 光谱分布都乘以系数 1000/970 之后"归一化"的光谱是现阶段划分光伏产品等级的标准；该光谱用于光伏器件的标准测试。

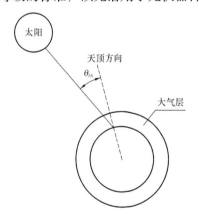

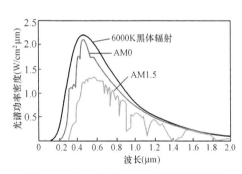

图 2-1　太阳光线与天顶方向的　　　　图 2-2　AM0 和 AM1.5 时的太阳辐射
　　　　　夹角示意　　　　　　　　　　　　　　光谱分布

（2）纬度。地球自转的同时围绕太阳公转，地球的自转轴与其公转的轨道面成 66°34′ 的倾斜。因此，出现一年中太阳对地球的直射点在地球的南回归线与北回归线之间周期变化。对于北半球：在春分和秋分时，太阳直射赤道；在夏至时，太阳直射北回归线；在冬至时，太阳直射南回归线。

根据余弦定律，即：任意平面上的辐照度同该平面法线与入射线之间夹角的余弦成正比，若不考虑其他因素的影响，纬度的绝对值越大，则地表水平面接收到的年总辐射量越低。

（3）大气气象条件。大气气象条件对地表水平面接收到的总辐射量的影响因子主要有云量、气溶胶、水汽和大气分子等。

云层是太阳光在大气中衰减和产生散射的一个重要原因。积云，或处于低空体积较大的云层，能够非常有效地阻挡太阳光。卷云或稀薄的高处云层对阳光的阻挡就不是那么有效了。在完全阴云时，没有直接辐射，到达地球表面的只有散射辐射。需要注意的是，在某些情况下，地面接收到的总辐照度可能会大于太阳常数，这是由于它不仅直接接收到了太阳的辐射，还接收到了某些云层反射的太阳辐射。

（4）海拔。海拔对地表接收到的太阳总辐射量的影响首先体现在由于海拔差异引起的云量变化上；若在晴朗无云的条件下，海拔的变化对地表接收到的辐射的影响体现在大气透明度系数上。在晴朗无云天气下，海拔越高，大气透明度系数越大，地表接收到的太阳总辐射越大。

2.1.3 我国的太阳能资源

我国有丰富的太阳能资源，年总辐射量大于 $3780MJ/m^2$ 的地区占国土面积的 96％以上。中国陆地表面每年接收到的太阳辐射相当于 1.7 万亿 t 标准煤。

按年太阳总辐射量空间分布，我国可以划分为四个区域，四个区域的太阳能资源量及其分布见表 2-1。

表 2-1　　　　　　　　　　　我国的太阳能资源分布

资源丰富程度	符号	太阳年总辐射量（MJ/m^2）	占国土面积（％）	地　区
资源最丰富	Ⅰ	≥6300	17.4	西藏大部分、新疆南部以及青海、甘肃和内蒙古的西部
资源很丰富	Ⅱ	5040～6300	42.7	新疆北部、东北地区及内蒙古东部、华北及江苏北部、黄土高原、青海和甘肃东部、四川西部至横断山区以及福建、广东沿海一带和海南岛
资源丰富	Ⅲ	3780～5040	36.3	东南丘陵区、汉水流域以及四川、贵州、广西西部等地区
资源一般	Ⅳ	<3780	3.6	川黔区

这里需要说明的是，上述太阳能资源分区是依据水平面上的年总辐射量，这样的太阳能资源分区标准与光伏发电的实际可利用资源之间存在一定差异。比如，北京多年平均水平面年总辐射量为 $4922.5MJ/m^2$（南郊观象台观测数据），属于Ⅲ类"资源丰富"地区；汕头多年平均水平面年总辐射量为 $5083MJ/m^2$（来源于 ME-

TEONORM 数据），属于Ⅱ类"资源很丰富"地区。但是，当折算到最佳倾角固定式方阵面上时，北京年均总辐射量为 5599MJ/m²，汕头年均总辐射量只有5328MJ/m²，北京反而高于汕头。一般的来说，最佳倾角方阵面上的年总辐射量与水平面年总辐射量的比值跟当地纬度呈正相关，与当地的太阳能资源的直射比（直接辐射占总辐射的比例）也呈正相关。

2.1.4 太阳辐射长期数据来源

太阳辐射长期数据的来源主要有两个方面，一方面是地面气象辐射观测站，另一方面是基于卫星遥感反演的地面辐射数据库。

2.1.4.1 地面气象辐射观测站

（1）我国地面气象辐射观测站的分布。

在承担气象辐射观测任务的站按观测项目的多少，分为一级站、二级站和三级站。一级站的观测项目有总辐射、直接辐射、散射辐射、反射辐射和净全辐射，二级站的观测项目有总辐射和净全辐射，而三级站的观测项目只有总辐射。截止到 2007年底，全国共有 98 个气象辐射观测站，其中一级站 17 个、二级站 33 个、三级站 48个。98 个气象辐射观测站的相关信息见附录 A。随着光伏电站建设的高速发展，近几年各省在部分原先没有辐射观测项目的气象站陆续新增了辐射观测项目。

（2）我国地面气象辐射观测站的测量仪器。

在 20 世纪 80 年代末之前，我国的太阳辐射测量仪器主要是全套引进及仿制的苏联辐射测量仪器，太阳辐射观测所用的传感器和二次仪表准确度低，仪器性能较差。90 年代初至今采用新型国产太阳辐射观测仪器，仪器的性能得到了较大的提高。我国地面气象辐射观测站测量仪器的变迁情况见表 2-2。

表 2-2　　　　　　　　我国地面气象辐射观测站测量仪器变化情况

应用年代	直接辐射及跟踪		散射辐射及遮光	
	仪器型号及名称	太阳跟踪	仪器型号及名称	散射遮光
1957 年～20 世纪 80 年代末	DFY1 直接辐射表	手动，人工计算，每小时观测 1 次	DFY2 天空辐射表	手动遮光，人工计算，每小时观测 1 次
20 世纪 90 年代初至今	DFY3、TBS-2、TBS-2-B 直接辐射表，自动气象站	半自动，手动调整赤纬，每日人工检查调整 2 次以上，跟踪准确度 1°	DFY4、TBQ-2、TBQ-2-B 遥测总辐射表，自动气象站	遮光环，半自动，手动调整赤纬，观测数据需要遮光环系数订正

（3）我国地面气象辐射观测站数据的获取。

地面气象辐射观测数据正常应从当地的气象部门获取，在条件不具备的情况下可以从以下两种途径获得地面气象辐射的典型年数据。

1)《中国建筑热环境分析专用气象数据集》。该数据集以中国气象局气象信息中心气象资料室提供的全国 270 个地面气象台站 1971~2003 年的实测气象数据为基础，通过分析、整理、补充源数据以及合理的插值计算，获得了全国 270 个台站的建筑热环境分析专用气象数据集。其数据内容包括根据观测资料整理出的设计用室外气象参数，以及由实测数据生成的动态模拟分析用逐时气象参数。

通过该数据集可以查得全国 270 个气象站的典型气象年的逐时总辐射、直接辐射数据。

2）METEONORM 软件。METEONORM 软件为商业收费软件，其数据来源于全球能量平衡档案馆（Global Energy Balance Archive）、世界气象组织（WMO/OMM）和瑞士气象局等权威机构，其数据库中包含有全球 7750 个气象站的辐射数据，附录 A 中所列的我国 98 个气象辐射观测站中的大部分均被该软件的数据库收录。通过该软件 6.0 版本可以查询到收录的气象辐射观测站的 1981~2000 年多年平均各月的辐射量（7.0 版本为 1990~2005 年多年平均各月的辐射量）。此外，该软件还提供其他无气象辐射观测资料的任意地点的通过插值等方法获得的多年平均各月的辐射量。

（4）地面气象辐射观测站数据的准确度。

1989 年，世界气候研究计划（World Climate Research Program）研究得出：大部分正常运行的一般地面气象辐射观测站的辐射观测误差为 6%~12%；高精度的气象辐射观测站，比如地面辐射基准站网（Baseline Surface Radiation Network，BSRN）的气象站的辐射观测误差大约为 2%。

根据中国气象局 2003 年版《地面气象观测规范》，我国目前地面总辐射仪器的测量误差要求不高于 5%。

2.1.4.2 基于卫星遥感反演的地面辐射数据库

基于卫星遥感反演的地面辐射数据库较多，有全球性的也有地区性的。如美国航空航天局（NASA）数据库是全球性的，欧盟联合研究中心光伏地理信息系统 PVGIS 数据库针对欧洲和非洲，欧洲日照及辐射数据库 Satel-Light 针对欧洲。这里主要介绍应用较多的、免费的、基于卫星的 NASA 辐射数据库。

美国航空航天局（NASA）向全世界免费提供由卫星估算的地面辐射数据，这些数据被划分成许多单元，每一单元格是 1 纬度乘以 1 经度，每一单元格所对应的数据一般被认为是该地区单元的平均值。这些数据并不是用来代替地面测量数据，而是填补了地面测量的空白或遗漏，并且对其他地区的地面测量加以补充。通过网站 http://eosweb.larc.nasa.gov/sse/可以查询到地球上任意一个地点的 1983 年 7 月~2005 年 6 月各年各月各日的水平面总辐射、散射辐射和法向直接辐射（*DNI*）

数据。

NASA 地面辐射数据库是根据卫星观测的大气层顶的辐射（top of atmosphere radiance）、云层分布图、臭氧层分布图、悬浮颗粒物分布等数据，通过复杂的建模和运算得到了全球地表水平面总辐射数据，然后根据相关公式由水平面的总辐射推算出水平面的散射辐射和法向直接辐射（DNI）数据。

NASA 网站也给出了以地面辐射基准站网（Baseline Surface Radiation Network，BSRN）气象站的辐射数据为基准的 NASA 辐射数据的可能误差，1983 年 7 月～2006 年 6 月 NASA 数据库多年平均月辐射数据与 BSRN 数据相比的平均百分比误差和平均百分比均方根误差见表 2-3。

表 2-3　　　1983 年 7 月～2006 年 6 月 NASA 数据多年平均月辐射数据误差

辐射参数	平均百分比误差（%）	平均百分比均方根误差（%）
水平面总辐射	0.29	8.71
水平面散射辐射	6.86	22.78
法向直接辐射（DNI）	2.4	20.93

注　表中数据针对北纬 60°～南纬 60°之间的地区，以 BSRN 数据为基准。

从表 2-3 可以看出，就北纬 60°～南纬 60°之间的地区而言，NASA 数据库中的多年平均月总辐射数据的准确度较高，散射辐射和法向直接辐射的准确度跟总辐射相比较差。

根据工程实践经验，对于我国西北开阔、干旱、太阳辐射较好的地区，地面气象辐射值与 NASA 数据库的数值相差较小，并且很可能是 NASA 数据库的数值偏小；而对于我国的中东部云量较多的地区，地面气象辐射值与 NASA 数据库的数据相差较大，并且很可能是 NASA 数据库的数据偏大。这个现象可以从 NASA 地面辐射数据的原理解释。

NASA 地面辐射数据库首先是通过卫星等手段得到大气层顶的辐射（top of atmosphere radiance），这一步的准确度较高。然后再通过云层分布图、臭氧层分布图、悬浮颗粒物分布等数据，通过复杂的建模和运算得到地表水平面总辐射数据，这一步的准确度就受很多因素的制约。第一，卫星的传感器不能分辨云层的覆盖和地面雪的覆盖之间的区别；第二，在靠海、山区及有大型水体的区域传感器的准确度较差；第三，云层对辐射的影响很难准确计算；第四，气溶胶（悬浮颗粒物）对辐射的影响很难准确计算。对于西北的开阔、干旱地区，云量、雪量、水体均较少，并且空气质量相对较好，因此地面辐射测量值与 NASA 数据库的值相差不大。而对于我国中东部地区，云量较大，某些区域又受水体、降雪和高山的影响，因此地面辐射与 NASA 数据库值的差距比较大。

因此，在一般情况下应该尽量采用地面气象辐射观测站的数据；在特殊条件下需采用 NASA 辐射数据时，应尽量不用数据库的直接辐射和散射辐射数据，并且总辐射数据尽量只应用在我国西北干旱地区。

2.2 太阳辐射测量及数据分析

2.2.1 太阳辐射测量

2.2.1.1 直接辐射的测量

太阳直接辐射通常采用直接辐射表（见图 2-3）来测量，测量的是法向直接辐射（DNI）。水平面的直接辐射要通过公式换算。

图 2-3 直接辐射表

直接辐射表是测量从日面及其周围 5°立体角内所发射的辐射的仪器。直接辐射表的主要部件如下：

（1）热传感器，探测平面被涂成黑色或为一个腔体，用于吸收入射辐射；

（2）限视光管（光阑管），规定了仪器的视场几何关系；

（3）跟踪器，使得直接辐射表可以对准太阳。

直接辐射表所用的跟踪器是其关键设备之一。国内有些厂家采用的跟踪器需要手动调节赤纬角，因此跟踪准确度不高，并且需要有专人负责每隔数天调节一次。国际上一般已采用带反馈装置的全自动跟踪器。

2.2.1.2 总辐射的测量

准确的总辐射应采用分别测量法向直接辐射（DNI）和散射辐射，然后将 DNI 转换为水平面上的直接辐射之后与散射辐射相加得到。如果要求不太高，也可采用水平放置的总辐射表（见图 2-4）直接测量。这是因为总辐射表对不同入射角的直射余弦响应并不理想，也就是说，与同时利用直接日射表的测量数乘以当时太阳天顶角的余弦的结果有差异。

总辐射表主要由以下几部分组成：

（1）热传感器，其接收表面有一黑色涂层或黑、白相间的涂层；

（2）半球玻璃罩，同心圆式地覆盖在接收表面上；

图 2-4 总辐射表

（3）仪器体，常被用作热参照体，因此经常被遮光罩遮住。

2.2.1.3 散射辐射的测量

散射辐射采用水平放置的总辐射表测量，同时需要利用放置在一定距离的一圆形或球形遮光片，将落入总辐射表感应面上的直接辐射遮去。实际应用时，一般采用遮光环进行遮光，见图2-5。由于遮光环不仅遮挡了直接辐射，同时还遮挡了遮光方向的散射辐射，使得观测的散射辐射较实际偏小，因此必须乘以一个大于1的遮光环订正系数才能得到准确的散射辐射。

图2-5 散射辐射表

2.2.1.4 辐射测量仪器的分级

根据世界气象组织和国际标准化组织的相关规定，各国所产的太阳辐射测量仪器按照其测量性能的优劣可分为三等。

表2-4是业务用直接辐射表性能规格和等级划分。在世界气象组织的有关规定中，二等标准称为高优质量，一级［工作］称为良好质量。

表2-4 业务用直接辐射表性能规格和等级划分

性能规格说明	直接辐射表		
	二等标准	一级 ［工作］	二级 ［工作］
响应时间（95％响应）	<15s	<20s	<30s
零漂移（对环境温度出现5K/h变化的响应）	2W/m²	4W/m²	6W/m²
分辨率（检测到的最小变化）	0.5W/m²	1W/m²	2W/m²
不稳定性（满量程百分比的年变化）	0.5%	1%	2%
非线性（由辐度在100～1000W/m²内变化引起的响应度与500W/m²辐照度产生的响应度的百分比偏差）	0.2%	0.5%	2%
光谱选择性（0.3～3.0μm范围内光谱吸收比与光谱透射比的乘积距平均值的百分比偏差）	0.5%	1%	5%

性能规格说明	直接辐射表		
	二等标准	一级 ［工作］	二级 ［工作］
温度响应（由环境温度任意变化 50K 以内引起的百分比偏差）	1%	2%	10%
倾斜响应（在 1000W/m² 辐照度下，辐射表倾角由 0°水平向 90°变化引起的响应与 0°时的响应度百分比偏差）	0.2%	0.5%	2%
95%信度水准可达到的不确定度			暂缺
1min 累计值　％	0.9	1.8	
kJ/m²	0.56	1	
1h 累计值　％	0.7	1.5	
kJ/m²	21	54	
1d 累计值　％	0.5	1.0	
kJ/m²	200	400	

表 2-5 是业务用总辐射表性能规格和等级划分。在世界气象组织的有关规定中，二等标准称为高优质量，适用于做工作标准或在辐射基准站上使用；一级［工作］称为良好质量，可在站网日常业务中使用；二级［工作］称为中等质量，适用于那些对中低性能可接受的低成本的站网。

表 2-5　　　　　　　　业务用总辐射表性能规格和等级划分

性能规格说明	总辐射表		
	二等标准	一级 ［工作］	二级 ［工作］
响应时间（95％响应）	＜15s	＜30s	＜60s
零漂移：			
a）对 200W/m² 净热辐射的响应（通风）	7W/m²	15W/m²	30W/m²
b）对环境温度出现 5K/h 变化的响应	2W/m²	4W/m²	8W/m²
分辨率（检测到的最小变化）	1W/m²	5W/m²	10W/m²
稳定性（满量程百分比的年变化）	0.8％	1.8％	3％
对辐射束的方向性响应（当法向辐照度为 1000W/m² 时，在其他任意方向上测量引起的误差范围）	10W/m²	20W/m²	30W/m²
温度响应（由环境温度任意变化 50K 以内引起的百分比偏差）	2％	4％	8％
非线性（由辐照度在 100～1000W/m² 内变化引起的响应度与 500W/m² 辐照度产生的响应度的百分比偏差）	0.5％	1％	3％

性能规格说明	总辐射表		
	二等标准	一级 ［工作］	二级 ［工作］
光谱选择性（0.3~3.0μm范围内光谱吸收比与光谱透射比的乘积距平均值的百分比偏差）	2%	5%	10%
倾斜响应［在1000W/m² 辐照度下，辐射表倾角由0°（水平）向90°变化引起的响应与0°时的响应度百分比偏差］	0.5%	2%	5%
95%信度水准可达到的不确定度 1h累计值 1d累计值	3% 2%	8% 5%	20% 10%

对照表 2-4 和表 2-5 所列的指标，目前国内生产的太阳辐射仪器大多属于二级
［工作］这一档次。根据辐射表计量检定规程的要求，辐射站所用仪器必须经过计
量部门的检定，合格后方可使用。未经检定就投入使用，往往测量的结果会难尽
人意。

2.2.1.5 利用硅电池测量太阳能总辐射

根据 IEC 61724，太阳辐射既可以用辐射测量仪器测量，也可以用硅电池来测
量。当然这两者的原理和特性有很大的不同。前面所述的辐射测量仪器都是基于黑
体吸收太阳辐射引起温升，从而使得热偶传感器产生电压信号，然后测量电压信号
从而得出辐射值。而硅电池是基于光伏效应，太阳辐射使得硅电池直接产生电压和
电流，通过测量电压、电流及硅电池的温度，考虑相关影响因素后得出辐射值。

由于测量原理不同，两者在测量性能上也有一定的差别。

（1）由于热积累需要时间，所以辐射测量仪器的响应时间在 5~30s；而硅电
池的响应时间则非常短。

（2）硅电池一般封装在平板玻璃内，因此光的相对透射率与入射角度相关度
很大；而辐射测量仪器是封闭在半球形的玻璃罩内，对入射角度的敏感性要小
很多。

（3）由于平板玻璃比半球形玻璃罩更容易积累污秽，因此采用硅电池测量时，
污秽造成的损失可能会高于辐射测量仪器，当然这种差别与仪器的维护情况有很大
的关系。

（4）辐射测量仪器吸收光谱非常宽，0.3~3μm 波长范围的光均能吸收，而硅
电池对光谱的吸收有一定的选择性。硅电池都是在标准测试（STC）条件（此时光
谱分布为 AM1.5）下标定的，所以在光谱修正时应该以 AM1.5 为标准。如图 2-6

所示，当 AM 大于 1.5 时，晶硅电池的光谱响应比 AM1.5 时高，但不大于 106%；当 AM 小于 1.5 时，晶硅电池的光谱响应比 AM1.5 时低，但也不低于 96%。由于实际的光照条件既有小于 1.5 的情况也有大于 1.5 的情况，大于 1.5 的情况较多、小于 1.5 的情况相对较少，但两者所占的能量比例相差不大，因此在要求不高的情况下，可以不进行光谱响应修正。

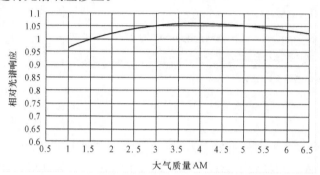

图 2-6　不同大气质量条件下硅电池相对光谱响应

（5）低辐照度下的特性。辐射测量仪器的低辐照度下的响应要好于硅电池。对于一级［工作］级的总辐射表，辐照度在 $100\sim1000W/m^2$ 内变化引起的响应度与 $500W/m^2$ 辐照度产生的响应度的百分比偏差不超过 1%；而晶硅电池在 $200W/m^2$ 辐照下的光电转换效率一般比 $1000W/m^2$ 辐照度下低 5% 以上，因此需要根据硅电池的特性进行修正。

（6）温度响应特性：对于一级［工作］级的总辐射表，由环境温度任意变化 50K 以内引起的百分比偏差不超过 4%；而如果环境温度任意变化 50K，硅电池片的温度相应也会变化约 50K，其引起的偏差将达到 23% 左右。因此，必须根据硅电池的温度及其电池片的特性进行修正。

通过以上分析可以看出，若采用硅电池测量总辐射，必须对相对透射率、低辐照度特性、温度响应等进行修正，在精确条件下还需要对光谱响应、污秽等进行修正。

如果测量的辐射数据应用于光伏发电领域，当测量用的硅电池与光伏电站的光伏组件的相对透射率、光谱响应、温度特性和弱光特性基本一致时，甚至可以不用校订，在应用时注意辐射数据已经包括这些损失即可。

2.2.2　太阳辐射数据分析

2.2.2.1　基础数据的收集

太阳辐射基础数据包括：

（1）参考气象站最近连续 10 年以上历年各月太阳总辐射、直接辐射、散射辐射数据和日照时数数据，以及与实测同期完整年的逐小时太阳辐射资料（总辐射量、直接辐射量、散射辐射量）。参考气象站中应选择与光伏电站实测辐射数据相关性最好（一般要求作相关分析，相关性系数 $R>0.8$）的气象站。

（2）站址至少连续 1 整年的实测太阳能总辐射量、直接辐射量、散射辐射量数据（逐小时或更短，非必须）。

2.2.2.2 实测数据的处理

由实测年太阳能资源数据订正为代表年数据主要分为 4 个步骤，见图 2-7。

图 2-7　实测年太阳能资源数据处理步骤

（1）实测数据完整性、合理性检验。完整性检验是对各个测量项目的总测次、缺测次进行统计，从而计算出缺测率。

合理性检验主要根据数据的合理范围参考值、数据之间的相关性等条件来甄别出不合理数据。根据 GB 50797—2012《光伏发电站设计规范》，合理性检验规则可参照表 2-6，其中，可能的日总辐射曝辐量见附录 B。

表 2-6　　　　　　　　　　　太阳辐射数据合理性检验规则

序号	主要参数合理参考值
1	总辐射最大辐照度小于 2000W/m²
2	日总辐射量小于可能的日总辐射曝辐量
3	总辐射量≥散射辐射量

（2）确定实测年测光时段。当实测时间大于 1 年时，应选择缺测、不合理数据较少的一整年数据用于下一步处理。

（3）实测数据的插补。分两种情形：

1）无参考气象站同期逐小时辐射数据。对于缺测或不合理的辐射数据，采用前一测次或后一测次的数据来填补；对于缺测或不合理的数据较多的日子，采用前一日或后一日的相同时间段的数据来填补。

2）有参考气象站同期逐小时辐射数据。对于缺测或不合理的辐射数据，可利用所在月的有效数据与参考气象站的同期数据进行相关得出相关性公式，再通过相关性公式由参考气象站同期数据求得缺测的数据。

2.2.2.3 由实测年数据订正为代表年数据

实测年订正为代表年的订正方法有 2 个假设前提：①所谓代表年数据是代表光伏电站设计寿命内的辐射的平均水平；②根据实测年数据与参考气象站同期数据的相关性，通过实测时段参考气象站的辐射水平在参考气象站长系列中的代表性，可将实测年的辐射推广为代表年。

在上述 2 个前提成立的条件下，可由下列过程将实测年订正为代表年。

（1）按 12 个月分别对实测年各月每小时平均辐照度与参考气象站同期对应数据在 excel 中做线性相关，从而得到 12 个表示参考气象站与实测站辐照度相关性的公式：

$$y = ax + b$$

式中：x 为参考气象站同期数据；y 为实测年数据；a、b 为线性相关计算得到的常数。

（2）分别求得参考气象站同期年各月平均辐照度 x_1 和参考气象站 10 年以上平均各月平均辐射照度 x_2，则每个月的（$x_2 - x_1$）即为参考气象站该月长期月平均辐射度与同期年月平均辐照度的差值；按 12 个月分别利用上述相关性公式由 12 个（$x_2 - x_1$）求得 12 个（$y_2 - y_1$）；每个月的（$y_2 - y_1$）即为实测站该月长期月平均辐射度与实测年月平均辐照度的差值。

（3）按月将实测站的实测年每小时的平均辐照度分别加上该月的（$y_2 - y_1$）就可以将实测年订正为代表年（一整年的每小时平均辐照度数据）。

由于国内尚未有规范对光资源数据的代表年订正方法进行规定，上述订正方法参照 GB/T 18710— 2002《风电场风能资源评估方法》附录 A 中的测风数据的订正方法。其中，月平均辐照度=月辐射总量/月日照时数。以上订正方法适用于总辐射、直接辐射和散射辐射。

2.3 太阳辐射相关计算

2.3.1 由日照时数估算太阳能总辐射

在收集太阳能资源数据的过程中，会发现光伏电站开发区域附近的参考气象站无总辐射观测项目但有日照时数观测项目，QX/T 89—2008《太阳能资源评估方法》给出了由日照数据计算总辐射的方法，具体如下：

假设 A 气象站只有日照时数观测项目无总辐射观测项目，B 是离 A 最近的、气候条件最为相似的有总辐射观测项目的气象站。

根据气候学的研究，某地（对 A、B 均适用）的月日照时数 n 与月总辐射 Q_M 之间存在一定的关系，即

$$Q_M = Q_0 \left(a + b \frac{n}{N} \right) \qquad (2\text{-}3)$$

式中　n——该月的实际日照时数；

　　　N——该月可能的日照时数，可由当地纬度计算，参见 QX/T 89—2008；

　　a,b——经验系数，无量纲数；

　　　Q_0——日天文太阳总辐射量，MJ/m²；

　　　Q_M——该月太阳总辐射量，MJ/m²。

Q_0 可由式（2-4）计算获得：

$$Q_0 = \sum_{n=1}^{M} Q_n \qquad (2\text{-}4)$$

$$Q_n = \frac{T I_0}{\pi \rho^2} (\omega_0 \sin\varphi\sin\delta + \cos\varphi\cos\delta\sin\omega_0) \qquad (2\text{-}5)$$

式中　Q_n——观测点日天文太阳总辐射量，单位：MJ/m²；

　　　M——所计算的月的天数，如 1 月为 31 天；

　　　T——时间周期，为 24×60min；

　　　I_0——常数，为 0.0820，单位为 MJ/（m² · min）；

　　　ρ——日地距离系数，无量纲；

　　　φ——地理纬度，单位为 rad；

　　　δ——太阳赤纬，单位为 rad；

　　　ω_0——日出、日落时角，单位为 rad。

使用式（2-3）计算 A 气象站月总辐射需要求得该月的 a、b 值。根据气候学的研究，如果 A、B 两个气象站距离不远且气候条件相似，则可以认为两地各月的 a、b 值相同。因此，首先需要计算 B 气象站各月的 a、b 值。

B 气象站某月的 a、b 值计算方法如下：

式（2-3）两边同除以 Q_0，得

$$\frac{Q_M}{Q_0} = a + b \frac{n}{N} \qquad (2\text{-}6)$$

对照式（2-6），对于 B 气象站，输入若干组历年该月的总辐射及日照时数，则可以得到若干组 $\left(\dfrac{n}{N}, \dfrac{Q_M}{Q_0} \right)$，这些点在 Excel 中画出，并进行线性相关，可以得到该月的 a、b 值及相关性系数 R^2。同样方法，可以求出其他 11 个月的 a、b 值及相关性系数 R^2。

最后根据 A 气象站的历年各月的日照时数和 B 气象站各月的 a、b 值即可计算出 A 气象站历年各月的总辐射值。

2.3.2 倾斜面上接收到的辐照度的计算

2.3.2.1 倾斜面上的直接辐照度的计算

直接辐射表测量的是法向直接辐照度，倾斜面上的直接辐照度与法向直接辐照度之间的换算关系如下

$$I_{T,b} = I_n \cos\theta_T \tag{2-7}$$

式中　I_n ——法向直接辐照度；

　　　$I_{T,b}$ ——倾斜面上的直接辐照度；

　　　θ_T ——相对于倾斜面的太阳入射角。

2.3.2.2 倾斜面上的散射辐照度的计算

散射辐射表测量的是水平面的散射辐照度，倾斜面上的散射辐照度与水平面的散射辐照度之间的换算关系如下：

$$I_{T,d} = \frac{1 + \cos\beta}{2} I_d \tag{2-8}$$

式中　I_d ——水平面的散射辐照度；

　　　$I_{T,d}$ ——倾斜面上的散射辐照度；

　　　β ——倾斜面与水平面之间的夹角。

2.3.3 影响光伏组件光电转换效率的常规气象要素

环境温度和风速是影响光伏组件光电转换效率的主要常规气象要素，两者主要通过影响光伏电池的温度进而影响光伏组件的光电转换效率。

从定性的角度看，在其他因素不变的前提下，环境温度的升高将使得光伏电池的温度升高，而光伏组件的峰值功率温度系数为负，从而使得光伏组件的光电转换效率降低；反之，将使得光伏组件的光电转换效率升高。在其他因素不变的前提下，风速增大将使得光伏电池的温度降低，从而使得光伏组件的效率提高；反之，风速降低将使得光伏组件的效率降低。

第3章 主要光伏设备

3.1 光伏组件

太阳能光伏系统中最重要的是太阳电池（即光伏电池），它是实现光电转换的基本单位。若干片光伏电池合成在一起构成光伏组件。

光伏组件主要分为晶硅组件和薄膜组件。晶硅组件包括单晶硅、多晶硅和带状硅等；薄膜组件包括非晶硅、微晶硅、铜铟镓硒（CIGS）、碲化镉（CdTe）等。

根据统计资料，2011 年，晶硅组件产量占光伏组件市场总量的 86%，其余 14% 为薄膜组件。多晶硅组件占光伏组件市场总量的 45.4%，单晶硅组件占 40.1%，带状硅组件占 0.5%，碲化镉组件占 8.3%，铜铟镓硒组件占 3.0%，其余 2.7% 为非晶硅组件，如图 3-1 所示。

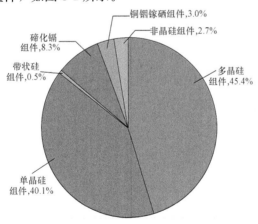

图 3-1　2011 年各种类型光伏组件及所占市场份额

2012 年全球光伏组件出货量前十名见表 3-1，这十个厂家的总出货量占全球总量的将近 50%。这前十名厂家中，除了美国第一太阳能专业生产碲化镉薄膜电池组件，其他厂家均为晶硅组件厂家。排名第一的英利绿色能源 2012 年出货总量超过 2.2GW。

表 3-1   **2012 年全球光伏组件出货量前十名**

排名	厂 家	国别	排名	厂 家	国别
1	英利绿色能源	中国	6	夏普太阳能	日本
2	美国第一太阳能	美国	7	晶科太阳能	中国
3	尚德太阳能	中国	8	晶澳太阳能	中国
4	天合光能	中国	9	美国 SunPower	美国
5	阿特斯太阳能	中国	10	韩华太阳能	中国

3.1.1 晶硅电池及组件

3.1.1.1 单晶硅电池制造

单晶硅电池是最早出现、工艺最为成熟的太阳能光伏电池，也是大规模生产的硅基太阳电池中光电转换效率最高的。将单晶硅棒进行切割、打磨制成单晶硅片，单晶硅片经过清洗、扩散、沉积减反膜、丝印电极和烧结等工序制成太阳电池。半导体产业中成熟的拉制单晶、切割打磨等技术以及清洗、扩散等工艺都可以在单晶硅电池生产中直接应用。大规模生产的单晶硅电池效率可以达到 20%。由于采用了切割、打磨等工艺，会造成硅原料的损失；受单晶硅棒形状的限制，单晶硅电池必须做成圆形或圆角方形，这会降低组件的填充率，影响组件的效率。

单晶硅电池的生产一般需要经过以下步骤：冶金级硅的生产——冶金级硅到太阳能级硅——太阳能级硅到单晶硅——单晶硅切片——单晶硅片到单晶硅光伏电池。

其中，冶金级硅的生产，一般是在大型电弧炉中，二氧化硅原材料（如石英或砂子）与碳进行还原反应生成硅，同时放出一氧化碳或二氧化碳。纯度为98%～99%的 1500℃ 液态硅出炉，并经吹氧或氧/氯混合气体以进一步提纯到 99.5%。

从冶金级硅提纯至太阳能级硅的标准方法是改良西门子法：将冶金级硅碾碎成粒度小于 0.5mm 的细微颗粒，在 300～400℃ 反应器中液化冶金级硅，在 Cu 的催化作用下，与 HCl 反应生成 $SiHCl_3$ 和 H_2。$SiHCl_3$ 在反应器中被氢还原，在 1000℃ 电加热的杆棒上沉淀成细粒状太阳能级硅，纯度可以达到 99.9999%。

从太阳能级硅到单晶硅的商业化生产的方法是直拉法，太阳能级硅料在坩埚里熔化，并掺杂微量杂质。在过饱和的硅熔融液中，缓慢直拉硅晶种，即可在硅籽晶上生成大的单晶硅。

为了吸收大部分波长的太阳光辐射，要求光伏电池的厚度应达到 0.2mm 左右。因此，必须将大的柱状单晶硅体切割成薄片。多数情况下，为了尽量高效率利用硅片，四个角保留圆弧状，称为准方片。目前常见的标准单晶硅电池尺寸是 125mm×125mm 或 156mm×156mm。

从单晶硅片到单晶硅光伏电池一般需要以下几步：清洗、扩散、沉积减反膜、丝印电极和烧结等。

3.1.1.2 单晶硅电池到组件

目前单块单晶硅光伏组件一般由 60 片或 72 片 156mm×156mm 电池片构成。

由于光伏电池易碎、耐候性差，通常将光伏电池嵌入到塑料膜（一般采用厚度约为 0.3mm 的 TPT 塑料膜）和盖板玻璃（一般采用 3～4mm 低铁高透光钢化玻璃）中间形成光伏组件。光伏电池上表面与玻璃之间以及光伏电池下表面与塑料膜之间一般采用 EVA 作为黏结材料，这样就形成了玻璃、EVA、光伏电池、EVA、TPT 膜的结构。这样的复合结构一般使用真空层压机在 145～200℃ 下进行层压，EVA 在层压过程交联固化，并且为不可逆过程，将复合结构紧密相连。

3.1.1.3 多晶硅太阳电池和组件制造

多晶硅太阳电池是通过浇铸、定向凝固的方法制成多晶硅的晶锭，再经过切割、打磨等工艺制成多晶硅片，进一步经过清洗、扩散、沉积减反膜、丝印电极和烧结等工序制成的。浇铸方法制造多晶硅片不需要经过单晶拉制工艺，消耗能源较单晶硅电池少，并且形状不受限制，可以做成方便光伏组件布置的方形；除不需要单晶拉制工艺外，制造单晶硅电池的成熟工艺都可以在多晶硅电池的制造中得到应用。多晶硅电池的效率能够达到 18%，略低于单晶硅电池的水平。和单晶硅电池相比，多晶硅电池虽然效率有所降低，但是节约能源，节省硅原料，达到工艺成本和效率的平衡。

3.1.1.4 晶硅电池组件主要规格

目前晶硅组件的主要规格有 2 种：一种为 60 片 156mm×156mm 太阳电池光伏组件，典型尺寸在 1650mm×990mm 左右；另一种为 72 片 156mm×156mm 太阳电池光伏组件，典型尺寸在 1950mm×990mm 左右。目前 60 片装主流水平为 245～255W，72 片装主流水平为 290～300W。根据现有的路线技术图，未来三年到五年，每个季度行业的电池转换效率平均可提升 0.1%，每半年市场终端组件可平均提升 5W。国外顶级水平现在已能在 60 装的组件中量产 305～325W 的组件。

3.1.1.5 光伏组件性能特点

由于单晶硅和多晶硅组件的性能相似，下面以多晶硅组件为例介绍晶硅光伏组件的性能特点。

（1）电压—功率曲线。图 3-2 为不同辐照度下多晶硅组件的电压—功率曲线。可以看出，在一定的电池温度和辐照度下，随着组件两端电压的变化，组件的功率输出呈不对称抛物线形式，在某一电压（即最佳工作电压）下达到峰值；还可以看出，在电池温度一定时，虽然辐照度在 $200\sim1000\mathrm{W/m^2}$ 变化，但组件的最佳工作电压基本不变。

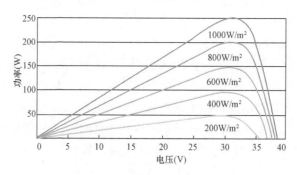

图 3-2　不同辐照度下多晶硅组件的电压—功率曲线（250W）

（2）电压电流曲线。图 3-3 为不同辐照度下多晶硅组件的电压—电流曲线。从图 3-3 中可以看出，在一定的电池温度和辐照度条件下，组件电压在零至最佳工作

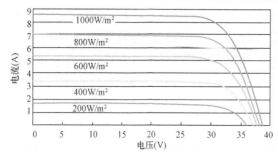

图 3-3　不同辐照度下多晶硅组件的
电压—电流曲线（250W）

电压之间时，组件的电流基本保持恒定；当组件两端的电压从最佳工作电压继续增大时，组件的电流开始快速降低。从图 3-3 中还可以看出，在电池温度不变、辐照度在 $200\sim1000\mathrm{W/m^2}$ 变化时，组件的开路电压变化很小，组件的短路电流基本跟辐照度呈线性关系。

　　另外，晶硅组件的短路电流随着温度的升高而缓慢升高，典型系数在 $0.06\%/℃$ 左右；开路电压随着温度的升高而降低，典型系数在 $-0.33\%/℃$ 左右；最大输出功率随着温度的升高而降低，典型系数在 $-0.45\%/℃$ 左右。

3.1.2　非晶硅薄膜组件

3.1.2.1　非晶硅组件的制造过程

　　单结非晶硅太阳电池通常为 p-i-n 结构电池，窗口层为掺硼的 p 型非晶硅，接着沉积一层未掺杂的 i 层，再沉积一层掺磷的 n 型非晶硅。非晶硅太阳电池一般是

采用 PECVD（等离子增强型化学气相沉积）方法使高纯硅烷等气体分解沉积而成的。这种制作工艺可以在连续多个真空沉积室完成，实现大批量生产。由于沉积分解温度低，可在玻璃、不锈钢板、陶瓷板、柔性塑料片上沉积薄膜，易于大面积生产，成本较低。

非晶硅电池最大特点是材料厚度在微米级，可节省大量高纯硅材料。

3.1.2.2　国内非晶硅组件的主要规格及产业状况

国内部分主流非晶硅厂家的组件规格及设备制造厂家见表 3-2。从表中可以看出，国内的非晶硅组件的主流尺寸有 1245mm×635mm、1100mm×1300mm 和 2200mm×2600mm 等。国产的单室沉积非晶硅电池的设备水平和工艺完整性及可靠性，均已达过国际同类水平，这类电池组件稳定效率约为 5％～7％。这类企业的代表有钧石能源、普乐新能源和创益太阳能等。

部分企业进口美国 AMAT 和瑞士欧瑞康等厂家的生产线已经可以生产稳定效率大于 9％的非晶硅/微晶硅叠层电池组件。这类企业的代表有天威薄膜、新奥太阳能和百世德太阳能等。

表 3-2　　　　　　国内部分主流非晶硅厂家的组件规格及设备制造厂家

厂家	类型	尺寸（mm×mm）	功率范围（W）	效率范围（％）	设备制造厂家
天威薄膜	非晶硅单结	1100×1300	85～105	5.9～7.3	欧瑞康
	非晶/微晶叠层	1100×1300	118～140	8.3～9.8	
钧石能源	非晶双结	1245×635	50	6.3	自主研发制造
	非晶三叠层	1245×635	55	7.0	
普乐新能源	非晶硅双结	1245×635	42～52	5.3～6.6	自主研发制造
强生光电	非晶硅双结	1400×1100	90～105	5.8～6.8	XSUNX
创益太阳能	非晶硅	1645×712	50	4.3	自主研发制造
新奥太阳能	非晶/微晶叠层	2600×2200	440～540	7.7～9.4	AMAT
		1300×1100	110～135		
百世德太阳能	非晶/微晶叠层	2600×2200	400～540	7.0～9.4	AMAT
		2600×1100 1300×2200	200～270		
		1300×1100	100～135		

注　数据源自各厂家官方网站。

3.1.3　聚光光伏发电技术

3.1.3.1　聚光光伏系统

聚光光伏（concentration photovoltaic，CPV）发电技术发展的初衷是通过光学器件将太阳光聚集到较小面积的太阳电池上，从而实现使用较少的太阳电池产生较多的电能。这种技术在太阳电池昂贵时具有特别的优势。

聚光光伏发电系统是由CPV模组及其配套的跟踪器构成的，如图3-4所示。模组是由若干个最小发电单元封装并进行电气、机械连接构成的。每个最小发电单元由聚光器、光伏电池和散热器构成。

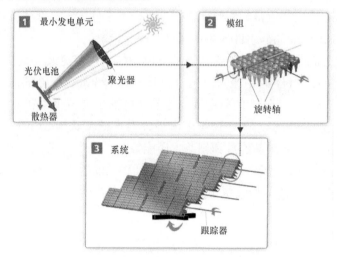

图3-4　聚光光伏发电系统构成

3.1.3.2　聚光光伏发电系统分类

从聚光倍数上来分太阳能光伏发电技术，可分为常规不聚光发电方式、低倍聚光发电方式（聚光比在10以下）、中倍聚光发电方式（聚光比在10～300）和高倍聚光发电方式（聚光比大于300，英文缩写HCPV）等。图3-5为低倍及高倍聚光光伏发电系统的图片。

(a)　　　　　　　　　　　　　　　(b)

图3-5　低倍及高倍聚光光伏发电系统
（a）4倍聚光光伏发电系统；（b）500倍高倍聚光光伏发电系统

目前，世界上运行的光伏电站绝大部分采用非聚光发电方式。

3.1.3.3 聚光光伏发电系统应用情况

聚光光伏发电（CPV）技术所采用的太阳电池可以是晶体硅电池也可以是Ⅲ-Ⅴ族太阳电池（如砷化镓电池）。但是晶体硅电池固有的峰值功率温度系数较高（典型值在-0.45%/K左右），聚光倍数上升时，其自身的温度损失也较大，并且高温对自身的寿命也有影响，因此主要用在低倍聚光领域。与晶体硅相比，砷化镓电池峰值功率温度系数较低（典型值在-0.15%/K），耐高温，因此广泛应用在高倍聚光领域。由于砷化镓电池昂贵，因此，通常通过提高聚光倍数来尽可能减少这种太阳电池的用量。目前，国际上 HCPV 产品聚光比大多在 500 及以上，绝大部分采用砷化镓太阳电池。

目前，国外高倍聚光生产企业主要有美国 solfocus 公司、amonix 公司、emcore 公司和德国的 conentrix 公司等。国内的高倍聚光生产企业有北控绿产、三安光电、聚恒科技和华旭环能（台湾）等。

高倍聚光光伏发电系统要求非常高的跟踪精度，这一定程度降低了聚光光伏发电系统的可靠性，同时制约其发展。根据统计，2012 年全世界新增高倍聚光光伏发电安装容量 42MW，跟非聚光光伏安装容量相比，微不足道。

国内低倍聚光生产企业主要有安徽应天，采用晶硅电池配 4 倍聚光光漏斗的方案，目前在国内至少有数兆瓦的应用实例，但跟非聚光光伏安装容量相比，也显得微不足道。

3.2 光伏逆变器

3.2.1 逆变器类型及其特点

3.2.1.1 集中型逆变器和组串型逆变器

按容量大小，逆变器可以分为集中型逆变器和组串型逆变器两种。集中型逆变器的功率范围一般在 $30\sim1000$kW，而组串型逆变器的功率一般在 30kW 以下。两者均可分为含变压器和无变压器类型，目前集中型逆变器大部分不含变压器，组串型逆变器的趋势是无变压器。对于不含变压器的型式，目前集中型逆变器和组串型逆变器的效率基本接近。

集中型逆变器和组串型逆变器的区别主要在于，集中型逆变器汇集的组串数目较多，一般在前端配置汇流箱、直流柜等进行两级汇集，并且所汇集的组串一般只能同时进行最大功率跟踪；组串型逆变器汇集的组串数目较少，前端不需配置汇流箱，组串直接接入至逆变器。组串型逆变器比较适合不同组串遮蔽情况差异较大的情况，如城市屋顶光伏电站，可以根据不同的遮蔽区域各自设置组串型逆变器；而集中型逆变器则适合不同组串的遮蔽情况差异很小的情况，如大型地面光伏电站。

3.2.1.2 工频隔离型逆变器和非隔离型逆变器

按隔离方式，目前市面上常见的逆变器有工频隔离型和非隔离型两种。两者在电路结构上区别主要是前者需要通过工频变压器与电网相连，而后者可以直接与电网相连，如图 3-6 所示。前者的工频变压器除了起到电气隔离的作用外，一般还有将 DC/AC 出口的电压变换到与电网电压相同的作用。

工频隔离型变压器由于配有工频变压器，因此体积和质量均比较大，效率也比非隔离型的低 1～3 个百分点。非隔离型变压器是近年来的逐渐成熟起来的一个产品，具有体积小、质量轻和效率高等优点，它通过拓扑结构和控制方法的更新，也可以将共模电流限定在极低的水平，从而可以实现 DC/AC 直接并网。

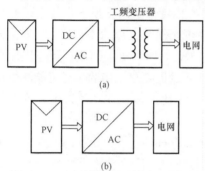

图 3-6　逆变器的隔离方式
（a）工频隔离型；（b）非隔离型

3.2.1.3 单级结构逆变器和两级结构逆变器

根据能量转换级数，光伏并网逆变器可分为单级结构和两级结构，如图 3-7 所示。单级结构在光伏阵列和电网之间只有一个 DC/AC 结构，因此具有功率转换级数少，电路简单，质量和成本相对降低等优点。但是由于光伏组串输出电压会随着光照强度和温度在大范围内变化，需要通过隔离变压器升压或提高直流母线电压，同时提高器件耐压等级来满足并网需求。

两级结构由前级 DC/DC 变换器和后级 DC/AC 逆变器串联而成。前级 DC/DC 变换器对光伏阵列输出电压进行升压，提高对光照变化的适应性，后级逆变器用于实现电流的正弦化并网。这种结构控制灵活，可以实

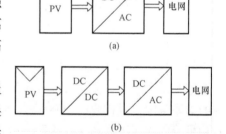

图 3-7　单级逆变器和两级结构逆变器
（a）单级结构；（b）两级结构

现较宽范围的直流电压输入，逆变器交流侧输出可以做到直接为 400V。

3.2.2　逆变器的主要功能

逆变器的主要功能是将光伏组件输出的直流电能尽可能多地转换成交流电能。由于在一定的工作条件下，组件的功率输出随着组件两端的电压的变化而变化、并

且在某个电压值时组件的功率输出最大，因此逆变器一般都具有最大功率跟踪功能（maximum power point tracking，MPPT），即逆变器能够调整组件两端的电压使得组件的功率输出最大。

3.2.3 主要性能参数

3.2.3.1 欧洲效率和最大效率

逆变器的欧洲效率 η_{euro} 是逆变器在不同负荷条件下的效率乘以概率加权系数之和。具体公式如下：

$$\eta_{euro} = 0.03\eta_{5\%} + 0.06\eta_{10\%} + 0.13\eta_{20\%}$$
$$+ 0.10\eta_{30\%} + 0.48\eta_{50\%} + 0.20\eta_{100\%}$$

逆变器的最大效率是指逆变器能达到的最大效率。

3.2.3.2 直流输入电压范围和MPPT电压范围

逆变器的最大允许直流输入主要由逆变器的核心部件 IGBT 的耐压来决定的，一般单级两电平逆变器选用的 IGBT 耐压为1200V，考虑 IGBT 耐压余量100V 以及直流母排的杂散电感引起的过电压100～200V，通常两电平逆变器的最大直流允许电压为900～1000V。

MPPT 电压范围的上限一般略低于最大允许直流输入电压，为800～850V。

逆变器的最低工作电压由逆变器的交流输出电压来确定，对于单级结构的逆变器，交流输出270V，最低工作直流电压必须大于450V；交流输出315V，最低工作直流电压必须要大于500V。

3.2.4 逆变器效率影响因素

图 3-8 是某 500kW 大型集中型、单级、不带隔离变压器的光伏并网逆变器的效率曲线。可以看出：①目前大型光伏并网逆变器的效率已经很高，峰值效率一般能达到98％以上，在出力达到10％时效率一般都能在95％以上；②光伏并网逆变器的最高效率一般不是出现满载时，而是在50％左右负载时，这样的特性可以适应光伏发电大部分情况下都不会满载运行这一特点；③对于图 3-8 所示的这种单级结构的逆变器，逆变器的直流侧电压在最低允许工作电压时的效率是最高的，450V（最低允许工作电压）时的效率比820V（最高MPPT 工作电压）时高1至2个百分

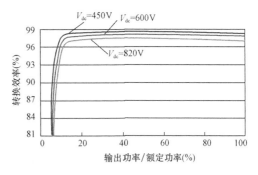

图 3-8 单级结构逆变器效率曲线

点。对于双级结构的逆变器，直流侧电压对效率也有一定的影响，具体可参见所选用逆变器的效率曲线。

3.2.5　逆变器共模电流分析和抑制

　　对于包括欧洲和中国在内的国家和地区，光伏直流汇集系统为浮地系统。在无变压器的非隔离型光伏并网系统中，电网和光伏方阵之间存在直接的电气连接，由于光伏方阵和地之间存在寄生电容，从而形成了由寄生电容、滤波元件和电网阻抗组成的共模谐振回路。而寄生电容上变化的共模电压则能够激励这个谐振回路从而产生相应的共模电流，如图 3-9（a）所示。共模电流的存在，会造成电网电流畸变、电磁干扰、系统的额外损失及安全隐患。当人体流过 20～50mA 的工频电流时，就会有生命危险；共模电流还会加速光伏组件的老化过程；地电流太大还会造成共模滤波器的饱和，降低滤波效果，同时也可能造成系统的损坏。德国 VDE-0126-1-1 标准规定，共模电流峰值高于 30mA 时光伏并网系统必须在 0.3s 内从电网中切除。

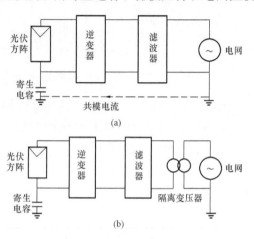

图 3-9　光伏系统电路简图
（a）无隔离变压器时的电路简图；
（b）有隔离变压器时的电路简图

　　从图 3-9（a）可以看出，要想消除或减少共模电流，有两种方法：

　　（1）逆变器通过隔离变压器与电网相连，隔离变压器与逆变器出口相连的绕组的中性点与地绝缘，从而断开了共模电流产生的通道，如图 3-9（b）所示。

　　（2）通过改进逆变器的拓扑结构和开关器件的控制策略也可以将共模电流降低到极小。对于浮地系统，共模电流产生的关键原因在光伏方阵对地的寄生电容，流过寄生电容的电流即为共模电流。众所周知，流过电容的电流的大小与其两端电压的变化率成正比，通过改进逆变器的拓扑结构和开关器件的控制策略也可以将共模电流降低到极小。

　　方法（1）彻底地断开了共模电流的通道，但是由于增加了隔离变压器，增大了逆变器的质量和体积，提高了逆变器的成本，还会降低逆变器的效率；方法（2）可以将逆变器的峰值效率做到 98% 以上，较带隔离变压器的有 1～3 百分点的提升，代表着技术发展的方向。目前，很多组串型逆变器已经通过方法（2）实现了不带隔离变压器直接并网运行。

3.2.6 大型集中型逆变器并联运行

目前应用最为广泛的是单机容量 500kW、不自带隔离变压器的集中型逆变器。这种逆变器出口一般为三相交流 270V/315V/400V。通常大型地面光伏电站以 1MW 为一个光伏发电单元，因此需要配置两台 500kW 逆变器。若逆变器可以并联运行，则典型的电气接线是：两台 500kW 逆变器输出侧并联后通过 1 台 1100kV·A 双绕组变压器升压至 10kV 或 35kV，如图 3-10 所示。但是，如上节所述，由于光伏方阵与地之间存在寄生电容，寄生电容与逆变器的滤波电抗构成谐振回路，两台逆变器对应的光伏方阵的寄生电容上的电压变化时，寄生电容就会流过电流。由于这个电流在两台逆变器之间流动，成为环流。这个环流的危害与上节中提到的共模电流类似，因此也需要杜绝或限制到极小的程度。

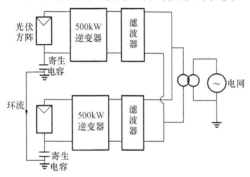

图 3-10　两台 500kW 逆变器直接并联可能产生环流的示意图

限制环流的第一种方法是采用低压侧双分裂的升压变压器。这样，每台 500kW 逆变器的输出对应一个低压绕组，两台逆变器之间没有了电气联系，也就断开了环流产生的通道。目前，工程上应用的大部分 500kW 集中型逆变器采用这种方案。

限制环流的第二种方法与限制共模电流的方法类似，是改进逆变器的拓扑结构和开关器件的控制策略来使得两台逆变器对应的光伏方阵的寄生电容上电压基本保持不变。目前，美国 POWERONE 等厂家的集中型逆变器由于采用了特殊的拓扑结构和控制策略使得逆变器可以直接并联。

3.3　光伏支架

3.3.1　支架的分类

光伏支架可以分为固定式、倾角可调式和自动跟踪式。自动跟踪支架可以分为单轴跟踪和双轴跟踪两种。其中单轴跟踪又可以细分为平单轴、斜单轴和方位角单轴跟踪三种。

3.3.2 固定式支架

固定式支架安装完成后倾角和方位角不能调整。固定式支架的结构多样，较为常用的有桁架式、单排立柱、单立柱三种。

3.3.2.1 桁架式固定支架

桁架式固定支架为前后立柱形式，支架的主要零部件有前立柱、后立柱、横梁、斜支撑、导轨和后支撑等，如图 3-11 所示。这些部件一般采用 C 形钢来制作。在某些场合，也有使用铝合金材料来制作导轨。

图 3-11　桁架式固定支架

桁架式固定支架受力形式明确、加工制作简单，适用于地形较为平坦的地区。

3.3.2.2 单排立柱固定支架

单排立柱支架只有一排基础，节省土建工程量、对地表的扰动相对桁架式支架要小，因此在国外应用较多。这种支架的主要零部件有立柱、斜支撑、横梁和导轨等，如图 3-12 所示。其中，立柱可以采用 C 形钢、H 形钢或方钢管等材料，斜支撑、横梁和导轨可以采用 C 形钢等材料。由于只有单排基础，因此这种支架对地形的适应能力比桁架式固定支架强。

图 3-12　单排立柱固定支架

3.3.2.3 单立柱固定支架

顾名思义，单立柱支架就是支架只有一个立柱。由于只有一个立柱，单套支架上可以布置的光伏组件数量通常较少。这种支架的主要零部件有立柱、纵梁、横梁和导轨等,如图 3-13 所示。其中立柱可采用预制水泥管桩,管桩顶部留有预埋件;纵梁和横梁由于悬挑较多,一般采用方钢管;导轨采用 C 形钢或铝合金。这种支架主要用于地下水位较高的沿海滩涂地区,支架立柱采用打桩机打入,施工速度较快。

图 3-13 单立柱固定支架

3.3.3 倾角可调式支架

固定式支架的倾角是不可调节的,而倾角可调式支架的倾角则可以手动调节。为了使得倾角可以调节,支架一般围绕某个轴旋转,旋转到某个预定的角度时,用螺栓等零件固定起来,如图 3-14 所示。倾角可调支架一般按季度调节,倾角一般设为三挡,最大倾角按冬季(11 月至次年 1 月)接收到的总辐射量最大来确定,中间倾角按春季(2 月至 4 月)和秋季(8 月至 10 月)接收到的总辐射量最大来确定,

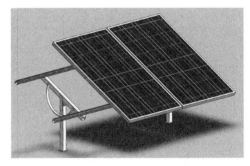

图 3-14 倾角可调式支架

最小倾角则按夏季(5 月至 7 月)接收到的总辐射量最大来确定。

倾角可调式支架一般为单排立柱结构,为了便于倾角调整,单个支架可安装的光伏组件数量不能太多,通常安装的组件数量正好构成一个组串。

3.3.4 平单轴跟踪支架

平单轴跟踪支架是指支架围绕一根水平方向的轴跟踪太阳旋转,这个水平的轴可以是南北方向也可以是东西方向。轴向为南北方向时的发电量较高,因此平单轴跟踪支架的轴一般为南北方向。

国际市场推广较为成功的一种平单轴跟踪支架为美国 SUNPOWER 公司的 T0 平单轴支架。这种支架的最大特点是采用连杆将若干排支架连接起来,用单个电动

推杆推动若干排支架同步旋转，如图 3-15 所示。

图 3-15　平单轴跟踪支架

美国 SUNPOWER 公司的 T0 平单轴支架主要技术参数见表 3-3。

表 3-3　　　　　　　　　T0 平单轴跟踪支架主要技术参数

控制系统	PLC 控制，变频器驱动，带反向跟踪防阴影功能（back-tracking），采用倾角传感器作为反馈
跟踪轴及角度	水平轴、南北向
跟踪范围	$-45°\sim45°$
传动机构	电动推杆
单个系统最大容量	250kW
主要材料	主要结构为热浸锌钢材，轴承为高分子耐磨自润滑材料 UHMW-PE
最大风速	177km/h（3s 平均）
占地	$GCR^①=0.35\sim0.5$

①　GCR 是光伏方阵自身面积与方阵占地面积之比。

我国第一个光伏特许权项目——甘肃敦煌 10MW 光伏并网发电特许权示范项目工程，就采用了平单轴跟踪支架(与 T0 的结构有所不同，支架与支架之间没有连杆相连)。该工程于 2009 年 8 月 28 日开工建设，2010 年 12 月 31 日投产，工程设计 25年年平均发电量为 1804.6 万 kW·h，2011 年度实际发电量约 1820 万 kW·h。

3.3.5　斜单轴跟踪支架

斜单轴跟踪支架是指一种围绕一根南北向倾斜的轴旋转跟踪太阳的支架。在中高纬度地区，与平单轴跟踪系统相比，斜单轴跟踪系统的发电量有较大幅度的提高。当然，由于旋转轴呈倾斜状态，斜单轴跟踪支架的造价也高于平单轴支架。

斜单轴跟踪支架一般采用三点式支撑结构，具体的传动结构和控制方法也有很多种。下面分别以美国 SUNPOWER 公司的 T20 以及捷克 POULKE 公司的

TRAXLE 等两种斜单轴支架进行介绍。

3.3.5.1 T20 斜单轴跟踪支架

与 T0 支架相似，T20 也采用机械联动的结构，如图 3-16 所示。单个电动推杆推动的光伏方阵容量可达 250kW。之所以称为 T20 是指跟踪轴与水平面的角度为 20°，实际上在应用时也可以根据具体情况做调整。斜单轴跟踪支架跟踪轴倾角的确定比较复杂，至少需要从发电量、占地、安装和维护等方面综合考虑。T20 斜单轴跟踪支架主要技术参数见表 3-4。

表 3-4 　　　　　　　　　**T20 斜单轴跟踪支架主要技术参数**

控制系统	PLC 控制，变频器驱动，带反向跟踪防阴影功能（back-tracking），采用倾角传感器作为反馈
跟踪轴及角度	倾斜轴、南北向，角度 20°左右
跟踪范围	$-45°\sim45°$
传动机构	电动推杆
单个系统最大容量	250kW
主要材料	主要结构为热浸锌钢材，轴承为高分子耐磨自润滑材料 UHMW-PE
最大风速	177km/h（3s 平均）
占地	$GCR=0.20\sim0.24$

图 3-16　T20 斜单轴跟踪支架

3.3.5.2 TRAXLE 斜单轴跟踪支架

与 T20 支架不同的是，TRAXLE 斜单轴支架不采用机械联动的方式，每个支架单独配一个小型的直流电动推杆，这个推杆由位于支架前端垂直于方阵面的双面光伏组件（两面均有光伏电池）来供电，这个双面光伏组件还作为光线传感器来使用，如图 3-17 所示。

图 3-17　TRAXLE斜单轴跟踪支架

当支架的方阵面偏离太阳光线的角度超过一定值，双面光伏组件接收到的辐照产生的电压差达到电动推杆启动的阈值时，电动推杆启动使得光伏支架跟踪太阳；支架到达指定位置时，双面光伏组件接收到的辐照产生的电压差小于电动推杆工作的阈值，支架停止跟踪。双面光伏组件的两个面用于识别支架偏离太阳的方向，以使得支架能跟随太阳运动的方向而运动。TRAXLE斜单轴跟踪支架主要技术参数见表3-5。

表 3-5　　　　　　　　　　TRAXLE斜单轴跟踪支架主要技术参数

控制系统	采用双面光伏组件作为传感器和电动推杆的电源，控制电路简单，无须控制器
跟踪轴及角度	倾斜轴、南北向，角度根据具体应用确定
跟踪范围	$-60°\sim60°$（最大）
传动机构	电动推杆
单个支架容量	$1\sim15m^2$（$0.1\sim2.4kW$）
主要材料	主要结构为热浸锌钢材，轴承为干摩擦轴承，具体材料未知
最大风速	$140km/h$
跟踪精度	$\pm10°$

3.3.6　方位角单轴跟踪支架

方位角单轴跟踪支架可以看成是将一个固定式支架安装在一个旋转的基座上构

成的，如图 3-18 所示。这种支架在跟踪时，方阵面与水平面的夹角保持不变，变化的是方阵面的方位角。

图 3-18　方位角单轴跟踪支架

3.3.7　双轴跟踪支架

双轴跟踪支架可以看成是一个倾角可以自动调节的支架安装在一个旋转的基座上，如图 3-19 所示。所谓双轴，就是指支架可以沿 2 个独立的轴旋转，一般一个轴使得支架的方位角可以自由旋转，另一个轴使得支架的倾角可以自由旋转。这样，双轴跟踪支架始终可以保持与太阳光线垂直，是所有跟踪支架中发电量最高的。

图 3-19　双轴跟踪支架

第4章 光伏设备选型

4.1 光伏设备选型主要原则

光伏电站以光伏组件为核心器件将太阳能转换为电能，由于太阳能具有能量密度低、夜间能量为零的特点，且不同工程所在地区的太阳能资源有各自的特点，这给光伏设备选型提出了新的要求。

4.1.1 结合当地太阳能资源特点进行设备选型

每个地区太阳能资源的辐照度分布具有不同的特点，在进行光伏组件选型时，应结合当地太阳能辐照度的分布情况进行选择。如环境温度是影响光伏组件发电量的重要因素，非晶硅组件在高温条件下的功率下降较少，很适合气温常年较高的地区。

在选择光伏支架类型时，应充分考虑当地太阳能总辐射中的直接辐射比例，当直接辐射比例较高时采用跟踪支架才可能有较好的经济效益。

在选择输入逆变器的光伏组件功率与逆变器自身功率的配比时，应根据当地的辐射和环境温度等条件模拟出输入逆变器的光伏组件出力曲线，使得所配的光伏组件能充分利用逆变器的长期运行容量和短期过载容量，不致造成逆变器容量的浪费。

4.1.2 通过经济比选的方式进行设备选型优化

目前发改委制定的光伏发电的上网标杆电价为 0.90、0.95 元/(kW·h)或 1.0 元/(kW·h)，因此光伏电站所发出的电力非常珍贵，对电站的精细化设计提出了较高的要求。在设计中遇到的降低损耗但提高初始投资或降低初始投资但增加损耗的措施应该进行详细的经济比较后确定。如从汇流箱至直流柜的直流电缆的截面选取，若电缆截面增大则可降低损耗提高发电量但增加了投资，若电缆截面减小则增大了损耗降低了发电量但减少了投资，只有结合当地的太阳能资源条件经过详细的经济比较后才能确定。

4.2 差额净现值法

在进行光伏设备选型时，经常会涉及寿命期相同的互斥方案的比选问题。比如一个光伏电站的支架选型可以设定2个互斥方案：方案0采用固定式支架，方案1采用斜单轴跟踪支架，采用方案0的投资会低于方案1，而采用方案0的发电量也会低于方案1，那么如何对这2个互斥方案进行比较呢？这里介绍一种使用较为方便的差额净现值法。

要计算差额净现值，首先要计算两种方案的现金流差额。在光伏电站的经济评价中，用到项目投资现金流和项目资本金现金流这两个概念。其中项目投资现金流是基于全部自有资金的现金流，项目资本金现金流是基于自有资金加银行贷款的现金流。项目资本金现金流计算比较复杂，这里推荐采用基于项目投资现金流的差额净现值法来进行光伏设备选型。

查看光伏电站的项目投资现金流量表（调整所得税前），现金流入主要包括：
（1）产品销售收入＝发电量×不含税电价。
（2）补贴收入＝每年的增值税抵扣额（一般3～4年抵扣完成）。
现金流出主要包括：
（1）建设投资＝项目的全部初始投资。
（2）经营成本＝材料费＋工资及福利费＋修理费＋其他费用＋保险费。
（3）城建税及附加。

为了方便设备选型应用，这里对上述流入项目和流出项目做五点约定或简化：①项目初始投资中设备价格均采用含税价格，同时销售收入中发电量的数值采用第一年的发电量；②补贴收入中不考虑互斥方案之间的增值税抵扣的差异；③一般不考虑互斥方案的经营成本、城建税及附加的差异，只在某些情况下考虑工资及福利费、修理费的差异；④电价均按光伏电站最新上网电价，见表1-3；⑤运营期均按20年。

对于2个互斥方案的比选，可以选定投资少的方案为方案0，追加投资的方案为方案1，设定一个可以接受的折现率（本书均按8%），计算方案1减方案0的差额净现值，若差额净现值大于0，则表明方案1优于方案0。对于3个及以上的互斥方案，可以分别计算方案1减方案0的差额净现值、方案2减方案0的差额净现值…方案n减方案0的差额净现值，其中差额净现值大于0的方案均可认为优于方案0，差额净现值最大的方案为最优方案。

需要说明的是，以上所述的方法仅用于设备选型或布置时的经济比选，得到的最优的方案只是相对最优，还需要对得到的最优方案在经济上是否可行单独进行论证。

4.3 光伏组件选型

4.3.1 单晶硅与多晶硅组件比较

一般来讲，多晶硅和单晶硅的性能、价格都比较接近，差别很小。由于多晶硅电池组件的价格要比单晶硅稍低，从控制工程造价的方面考虑，选用性价比较高的多晶硅电池组件有一定优势。

多晶硅在生产过程中的耗能比单晶硅有一定的降低。因此，采用多晶硅组件相对更环保。

通常单晶硅组件的光电转换效率可以做到比多晶硅组件稍高，因此在为了在有限的面积安装更多容量的场合常采用单晶硅组件。

4.3.2 不同规格的晶硅组件比较

目前晶硅组件的主要规格有 2 种：一种为 60 片 156mm×156mm 装光伏组件，典型尺寸在 1650mm×990mm 左右，主流功率在 240～255W；另一种为 72 片 156mm×156mm 装光伏组件，典型尺寸在 1950mm×990mm 左右，主流功率在 290～300W。

对这两种规格的组件进行比较时，不能只看单块组件的功率，认为 72 片装组件的效率一定高于 60 片装是错误的。如 60 片装 245W 组件效率约为 15.0%，72 片装 290W 组件效率也约为 15.0%，两者效率基本相等，而不是后者高于前者。

效率基本接近时，两种规格组件的价格基本接近，但是大尺寸组件的组件安装费用、组件间的连接电缆长度及线损一般都比小尺寸组件有所降低；同时，两种组件的支架和基础成本跟组件在方阵中的排列方式有关，一般大尺寸组件也略有优势。在具体应用时，还需要结合具体的价格、供货能力及工程具体情况等因素综合进行比较后确定。

4.3.3 晶硅与非晶硅组件比较

从制造水平、技术成熟程度看，自 1999 年开始，晶硅太阳电池始终是商品化太阳电池的主流产品。总的来说，晶硅太阳电池目前仍然是最成熟、市场化程度最高的太阳电池，在未来相当长的一段时间内，仍然将是市场的主流。非晶硅组件技术近年来也得到了快速的发展，但是在效率和稳定性上与多晶硅组件还存在一定的差距。

从当前市场条件来看，由于近年来晶硅组件价格的大幅下降，晶硅组件价格已经接近非晶硅组件的价格，而由于非晶硅组件的光电转换效率往往只有晶硅的40%～50%，相应的平衡部件需要增加1～1.5元/W，非晶硅组件在初始投资上已经没有优势；从占地面积上来看：由于非晶硅组件的效率只有多晶硅组件的40%～50%，采用非晶硅组件光伏电站占地面积是采用晶硅光伏组件占地面积的2～2.5倍。

在同等条件下，晶硅和非晶硅两者的发电量差别较小，主要受温度和光谱分布影响，需要根据具体情况进行测算。

值得注意的另一个问题是，由于非晶硅组件标签上标注的功率为预计的第一阶段衰减后的功率，因此可能会存在第一阶段衰减后的功率超出组件标签标注的功率偏差的情况。

4.3.4　高倍聚光与双轴平板经济性比较

影响聚光光伏系统应用的主要因素有：①晶硅组件价格的大幅下跌使得聚光光伏系统（不论是低倍还是高倍）的发电成本的竞争力下降；②聚光光伏发电系统的聚光模组、跟踪器运行不够稳定；③由于散射辐射不能被聚集，因此聚光光伏比较适用于直接辐射强的地区；④高倍聚光的跟踪精度要求很高，不适宜大风地区应用。

HCPV组件必须配套高精度双轴跟踪器，因此，选择晶体硅配套双轴跟踪器的系统作为对比对象。

4.3.4.1　高倍聚光与双轴平板各自成本

光伏电站的成本由光伏组件及系统平衡部件（blance of system，BOS）两部分成本组成。对HCPV和晶硅双轴两者来说，BOS成本有所差别。主要体现在：①由于HCPV要求的跟踪精度很高，一般是小于±0.3°，而晶体硅光伏组件要求的跟踪精度则低得多，一般采用间歇跟踪，精度在±2°～±5°，因此晶体硅配套的跟踪器成本会小于HCPV；②由于HCPV的组件效率较高，一般能达到17%以上，而晶体硅组件的效率一般在14%～15%，因此HCPV的用地成本、电缆和场地平整费用等都会小于晶体硅。总的来说，两种发电方式的BOS成本差别较小，并且因具体项目而异。为便于分析，假设两者的BOS成本相同，均为8元/W。晶体硅组件的价格为4.5元/W，高倍聚光组件的价格为15元/W。

这样，晶体硅组件配套双轴跟踪器的造价约为12.5元/W，高倍聚光组件配套双轴跟踪器的造价约为19.5元/W。

4.3.4.2　适用于高倍聚光及双轴平板的发电量计算方法

与光伏系统发电量相关的因素较多，除了主要影响因素——方阵面上的可利用辐射量、温度之外，还有污秽、阴影遮挡、组件匹配、逆变效率、设备可利用率、电能传输损失等。这里采用简化的发电量计算式（4-1）来进行发电量的计算。

$$Q_{out} = \eta_1 \eta_2 \eta_3 Q_{in} \tag{4-1}$$

$$\eta_1 = 1 + \beta (t_c - t_r) \tag{4-2}$$

$$t_c = t_a + (219 + 832 \overline{K_t}) \times \frac{t_n - 20}{800} \tag{4-3}$$

式中 Q_{out}——方阵月发电量；

        Q_{in}——方阵面上的月可利用辐射量；

        η_1——由温度引起的发电量变化，式（4-2）、式（4-3）得到；

        η_2——由污秽、阴影遮挡、组件匹配、逆变效率、设备可利用率、电能传输损失等因素引起的发电量损失，对两种技术，η_2 均取为 0.80；

        η_3——标准测试条件下的光电转换效率；

        β——光伏组件的峰瓦温度系数，HCPV 取为 $-0.15\%/K$，晶体硅取为 $-0.47\%/K$；

        t_c——太阳电池的平均温度；

        t_r——太阳电池功率标定参考温度，25℃；

        t_a——月平均环境温度；

        $\overline{K_t}$——月平均晴空指数，等于水平面上月总辐射与水平面上月天文辐射的比值；

        t_n——标准工作环境下的太阳电池温度，HCPV 取为 62℃，晶体硅取为 45℃。

4.3.4.3　算例基本情况

下面以敦煌和上海为例，对高倍聚光光伏（HCPV）发电系统的经济性举例进行分析。其中，敦煌（40.0N，94.5E）近 30 年平均年总辐射：1771.5kW·h/m²（水平面上），属于Ⅰ类"最丰富带"，直接辐射强，多年平均气温 9.7℃；上海（31.1N，121.3E）1960～1990 年 30 年平均年辐射 1242.9kW·h/m²（水平面上，取自 Meteonorm 数据库）属于Ⅲ类"丰富带"，直接辐射较弱，多年平均气温 15.8℃。

（1）敦煌算例计算过程及结果。

利用 PVsyst 软件，首先将输入的敦煌地区各月总辐射转换为计算需要的一整年每小时的水平面直接辐射、散射辐射值，再根据上述每小时数据计算得到敦煌地区双轴跟踪方阵面上各月辐射值，如图 4-1 所示。

对于 HCPV，散射辐射及地面反射辐射几乎不起作用，可利用的是直接辐射量。对于晶体硅，直接辐射、散射及地面反射均可用。

由式（4-2）及式（4-3）可计算得到敦煌地区两种发电方式各月的由温度引起的发电量变化系数 η_1，如图 4-2 所示。η_1 为 1 说明温度对发电量基本没有影响；小

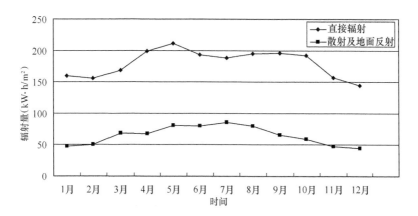

图 4-1 敦煌地区晶体硅双轴方阵面各月直接辐射、散射及地面反射变化图

于 1，说明温度使得发电量下降；大于 1，则说明温度使得发电量上升。

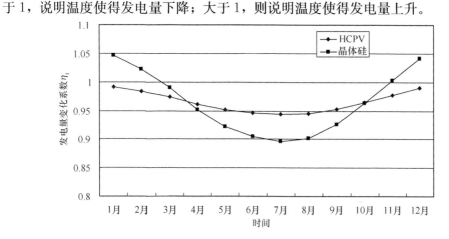

图 4-2 敦煌地区 HCPV 与晶体硅双轴发电系统各月由温度引起的发电量变化系数 η_{t}

由图 4-2 可以看出，HCPV 由于聚光倍数较高，在全年各月温度均会引起发电量的下降；而晶体硅由于较高的峰值功率系数，在冬季时，低温反而有利于发电量的提高，但在夏季是高温对发电量的降低影响明显高于 HCPV。

由式（4-1）可以计算出敦煌地区两种发电方式各月的发电量，如图 4-3 所示。两种发电方式的年发电量分别为：HCPV 配套双轴跟踪器，1957.1 kW·h/kW；晶体硅配套双轴跟踪器：2246.5kW·h/kW。HCPV 发电量比晶体硅配套双轴跟踪器低 12.88%。

（2）对于敦煌地区，两种发电方式的单位投资年发电量分别为：HCPV，0.100 4kW·h/元；晶体硅配套双轴跟踪器；0.179 7kW·h/元。HCPV 的单位投

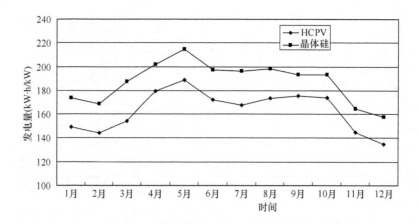

图 4-3　敦煌地区两种发电方式各月发电量

资年发电量仅为晶体硅配套双轴跟踪器的 55.9%。

（3）上海算例。

与敦煌计算的方法类似，可以得到上海地区：①双轴方阵面各月直接辐射、散射及地面辐射；②HCPV 与晶体硅各月由温度引起的发电量变化系数 η_t；③两种发电方式各月发电量分别如图 4-4～图 4-6 所示。

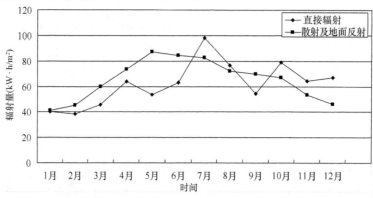

图 4-4　上海地区晶体硅双轴方阵面各月直接辐射、散射及地面反射变化图

对于上海地区，两种发电方式的单位投资年发电量分别为：HCPV，0.034 6 kW·h/元；晶体硅配套双轴跟踪器，0.092 6kW·h/元。HCPV 的单位投资年发电量仅为晶体硅配套双轴跟踪器的 37.5%。

比较上述实例计算结果可得出如下结论：

1）在当前市场条件下，HCPV 的发电成本明显高于晶体硅配套双轴跟踪器。

2）对于直接辐射较弱的我国东部沿海地区，HCPV 与晶体硅配套双轴跟踪器

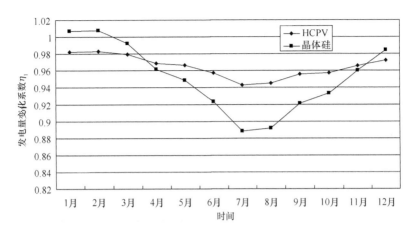

图 4-5 上海地区 HCPV 与晶体硅双轴发电系统各月由温度引起的发电量变化系数 η_t

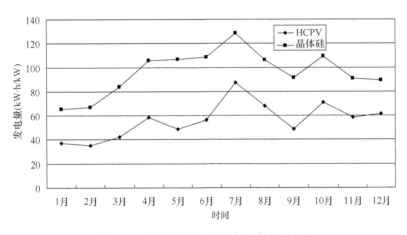

图 4-6 上海地区两种发电方式各月发电量

发电成本之间的差距明显高于西部直接辐射较强的地区。因此，在这些地区不适合建设大规模商业化 HCPV 光伏电站。

3）由于 HCPV 自身的特点，即使在敦煌这样的 I 类地区，其发电量也比晶体硅配套双轴跟踪器低 13% 左右，因此，从经济性角度来考虑，HCPV 组件成本大约降低到比晶体硅低 13% 以上时，才具有竞争力。

4）由于 HCPV 组件的优势在于较高的转换效率，因此，对于土地昂贵的地区，其 BOS 成本可能较晶体硅组件有一定的降低，从而缩小与晶体硅组件的发电成本。

5）上述算例并未考虑 HCPV 系统目前在稳定性和维护费用方面的劣势，如果考虑这两个劣势，则 HCPV 目前的经济竞争力还要有所降低。

4.4 逆变器选型

4.4.1 光伏组件串与逆变器的配合

光伏方阵中，同一光伏组件串中各光伏组件的电性能参数宜保持一致，光伏组件串的串联数 n 计算式为

$$n \leqslant \frac{U_{dcmax}}{U_{oc} \times [1 + (t - 25) \cdot K_U]} \tag{4-4}$$

$$\frac{U_{mpptmin}}{U_{pm} \times [1 + (t' - 25) \times K_U']} \leqslant n \leqslant \frac{U_{mpptmax}}{U_{pm} \times [1 + (t - 25) \times K_U']} \tag{4-5}$$

式中 K_U——光伏组件的开路电压温度系数；

       K_U'——光伏组件的工作电压温度系数；

       n——光伏组件的串联数（n 取整）；

       t——光伏组件工作条件下的极限低温，℃；

       t'——光伏组件工作条件下的极限高温，℃；

   U_{dcmax}——逆变器允许的最大直流输入电压，V；

  $U_{mpptmax}$——逆变器最大功率点（MPPT）电压最大值，V；

  $U_{mpptmin}$——逆变器最大功率点（MPPT）电压最小值，V；

     U_{oc}——光伏组件的开路电压，V；

     U_{pm}——光伏组件的工作电压，V。

4.4.2 组件容量与逆变器容量的配合

4.4.2.1 光伏组件功率及逆变器功率

光伏组件的容量一般用峰值来表示。峰值是指在标准测试条件（STC）下组件的额定最大输出功率。在实际工况下，光伏组件的输出功率大部分时间段低于该组件标定的峰值。

逆变器的额定功率一般是指逆变器交流侧输出的额定功率。逆变器一般具有一定的过载能力，其交流侧最大输出功率是额定功率的 105%～110%。但是这种过载能力和持续时间跟逆变器内部的电力电子器件的实时温度情况有关，因此需要跟逆变器厂家确认。

4.4.2.2 光伏组件与逆变器功率匹配原则

根据当地的辐射、气温等外部条件，在不造成发电量损失的前提下尽可能充分利用逆变器的容量。

4.4.2.3 利用 PVsyst 计算光伏组件与逆变器功率匹配

在用 PVsyst 计算发电量时，查看计算报告，若逆变器有超功率损失，则应适

当减少组件功率；若逆变器无超功率损失，则可适当增加组件功率。反复试算，直到找到最大的组件—逆变器功率比例。

说明：PVsyst软件在计算时并不考虑逆变器的短期过载能力。若逆变器可以长期过载运行，则可以选择额定功率为该长期过载运行功率数值的逆变器进行计算。

4.5 光伏支架选型

如前所述，光伏支架可以分为固定式、倾角可调式、平单轴、斜单轴、方位角单轴和双轴等6种，这几种支架各有特点见表4-1。由于斜单轴与方位角单轴相似，方位角单轴不单独介绍。

表 4-1 不同光伏支架的特点

比较项目 \ 光伏支架类型	固定式	倾角可调	平单轴	斜单轴	双轴
适用纬度	均可		中低纬度	中高纬度	均可
占地	最少	固定式的1.1~1.3倍	固定式的1.1~1.3倍	固定式的2~4倍	固定式的2~4倍
适用太阳能资源条件	不限制	更适合直接辐射较强的地区			
参考价格（采用晶硅组件时）	0.6元/W	0.8元/W	2.0元/W	2.5元/W	4元/W

对某个具体的项目来说，选择何种类型的支架可以采用差额净现值法计算比较。

比如，北京地区某项目采用固定式支架的第一年等效利用小时数为1300h（方案0），采用倾角可调式支架的第一年等效利用小时数为1339h（方案1），含税电价为0.95元/(kW·h)，则方案1与方案0的销售收入之差为：(1339－1300)×0.95/1.17=31.67元/kW，支架价格见表4-1。

每套可调节支架安装20块250W组件，调节需要2人×10分钟，每年调节4次，每人日按150元考虑，每年需要的人工费为5元/kW。

由于支架调节会增加支架的维护费用，主要是转动部件的锈蚀以及人工调节时对防腐的破坏，按每套支架每年16元计列，即3.2元/kW。

以1kW容量为单位比选两种支架类型，采用差额净现值法的计算结果见表4-2。

表 4-2   **支架比选差额现金流**

	方案1—方案0	年限	备注
一、现金流入:			
1.1 销售收入（元/kW）	31.67	20 年每年	
二、现金流出			
2.1 建设投资（元/kW）	200	仅第 1 年	
2.2 工资及福利（元/kW）	5	20 年每年	方案 1 增加支架倾角调整人员工资
2.3 修理费（元/kW）	3.2	20 年每年	由于倾角可调支架有旋转部件，上调修理费

折现率按 8% 考虑，计算方案 1 减方案 0 的净现值为：30.43 元＞0，因此选择方案 1，即该项目采用倾角可调支架更为经济。

4.6 跟踪支架控制系统选型

4.6.1 传动机构的选择

跟踪支架需要由传动机构推动随着太阳转动，因此传动机构的选择非常重要。常用的传动机构有电动推杆、减速机，这两种传动机构的特点见表 4-3。这两种传动机构的电动机都可以选择交流或直流两种类型，交流电机的电压一般为 380V，直流电机的供电电压一般为 24V 或 36V。在跟踪支架设计时需要根据具体情况进行选择。

表 4-3   **电动推杆与减速机传动机构特点**

序号	类型	图片	优点	缺点
1	电动推杆		应用广泛，控制方便，一般自带限位开关	推杆行程限制了支架的转动范围，并且由于力臂随着支架的转动变化，推杆对支架的力矩呈非线性变化
2	减速机		设计简单，可以节省一个轴承，控制较方便	适用于跟踪支架的减速机较贵，齿轮的维护量较大，一般不带限位开关

4.6.2　控制设备的选择

控制器可以采用自行开发的单片机电路，也可以采用工业可编程控制器 (PLC)。由于光伏方阵对控制的可靠性要求比较高，并且控制周期要求不高，采用 PLC 是较好的选择。

对于采用直流电机的传动机构，可以采用直流接触器来实现电机的启停和正反转控制。对于采用交流电机的传动机构，可以采用交流接触器来实现电机的启停和正反转控制，也可以采用变频器进行控制，后者还可以实现软启动、软停机，有利于延长传动机构的寿命。

目前也有变频器集成有 PLC 的功能，这样的变频器可以不再需要另外配置控制器就可以实现交流传动机构的控制。

4.6.3　控制方式的选择

跟踪支架的控制方式可采用开环控制和闭环控制两种。

开环控制就是不装设传感器，一般根据天文公式和跟踪精度计算出每天支架的动作时刻、动作方向和持续时间，为了避免误差积累，需要定期（一般为一天）对支架进行复位。

闭环控制就是装设传感器，根据传感器的反馈将支架调整到设定的位置。传感器通常也有两种，一种是光电传感器，另一种是角度传感器（角度传感器一般又有两种，第一种是采用同轴安装的电位计，第二种是倾角传感器。第一种较为便宜，但是需要现场校准，可靠性稍差；第二种稍贵，但不需现场校准，安装方便，可靠性高）。当采用光电传感器时，控制器通过光电传感器感知太阳的位置，从而控制支架跟踪到指定的位置。这种方法的主要优点是控制简单，缺点是太阳被遮挡或者传感器表面被灰尘遮挡时，控制会失灵。当采用角度传感器时，控制器通过角度传感器感知支架的实际角度，根据天文公式和实时时钟计算出支架的理论角度，再根据设定的跟踪精度定期将支架调整到相应的角度。这种方法的主要优点是不受天气影响、对环境的适应能力很强，缺点是倾角传感器较贵、控制器的计算量较大、在阴天时不需要跟踪时仍然跟踪。

目前，也有同时采用上述两种传感器的混合控制策略，这样可以集中两种传感器的优点、避免各自的缺点。还有天文算法和光电传感器相结合的跟踪支架系统，天文算法的采用使得该系统可采用造价较低的光电传感器，同时可降低光电传感器失灵的影响。

4.6.4　跟踪支架控制用到的天文公式

4.6.4.1　斜单轴/平单轴跟踪支架

对于斜单轴/平单轴跟踪支架，任意时刻支架的理论跟踪角度 θ_s 的计算公式为

$$\theta_s = \arctan \left| \frac{\sin\phi_s}{\tan\gamma_s} \right| \tag{4-6}$$

$$\sin\gamma_s = \sin\delta\sin\phi + \cos\delta\cos\phi\cos\omega \tag{4-7}$$

$$\cos\phi_s = \frac{\sin\gamma_s \sin\phi - \sin\delta}{\cos\gamma_s \cos\phi} \left[\text{sign}(\phi) \right] \tag{4-8}$$

$$\delta = 23.45° \sin\left[\frac{360 \ (d_n + 284)}{365} \right] \tag{4-9}$$

$$\omega = 15 \times \ (t_0 - 12) \ - \ (LL - LH) \tag{4-10}$$

式中：ϕ 为当地纬度，北半球为正，南半球为负；δ 为太阳赤纬角；d_n 为当日在一年中的序数，范围为：1～366；t_0 为当地时区的时间，以小时为单位，如上午 9 点半为 $t_0 = 9.5$；LL 为当地的经度；LH 为当地时区对应的经度；γ_s 为太阳高度角；ϕ_s 为太阳方位角；sign（ϕ）为符号函数，ϕ 为正时，sign（ϕ）＝1，ϕ 为负时，sign（ϕ）＝－1，ϕ 为 0 时，sign（ϕ）＝0。

4.6.4.2 方位角跟踪及双轴跟踪支架

对于方位角跟踪支架，任意时刻支架的理论跟踪方位角即为太阳的方位角。

对于双轴跟踪支架，任意时刻支架的理论跟踪方位角和高度角与太阳的方位角和高度角相同。

任意时刻太阳的方位角和高度角计算公式见式（4-7）～式（4-10）。

4.6.5 平单轴跟踪支架反向防阴影原理及效果分析

常规平单轴跟踪支架为南北水平轴向，当采用常规跟踪策略时，由于受可布置面积的限制，在早晨及傍晚时，相邻支架间仍然会形成阴影，如图 4-7 (a) 所示。此时，方阵接收到的直接辐射与无遮挡时接收到的辐射之比为 $\frac{L - L_1}{L}$，它等于：$\frac{D\sin\alpha_2}{L}$。

当采用反向防阴影跟踪策略时，控制器会控制支架的旋转角从与光线垂直时的 α_2 调整到 α_1，从而避免相邻支架之间的遮挡，如图 4-7 (b) 所示。由于方阵面不再与光线的投影垂直，因此方阵接收到的直接辐射与无遮挡时接收到的辐射之比为 $\cos \ (\alpha_2 - \alpha_1)$。

如图 4-7 (b) 所示，根据几何公式，可以得到

$$D = L \cdot (\sin\alpha_1 + \cos\alpha_1 \cdot \text{ctan}\alpha_2) = L \cdot \frac{\sin\alpha_1 \sin\alpha_2 + \cos\alpha_1 \cos\alpha_2}{\sin\alpha_2}$$

$$= L \cdot \frac{\cos(\alpha_1 - \alpha_2)}{\sin\alpha_2}$$

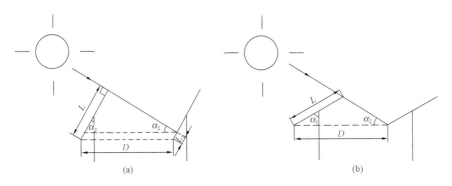

$$(a) \qquad\qquad\qquad\qquad (b)$$

图 4-7　平单轴支架两种跟踪策略比较示意图

(a) 常规跟踪策略；(b) 反向防阴影跟踪策略

从而得到

$$\frac{D \cdot \sin\alpha_2}{L} = \cos\ (\alpha_1 - \alpha_2)$$

因此，可以得出结论：是否采用反向防阴影跟踪策略对平单轴方阵面上接收到的总辐射量影响可以忽略。但是，由于光伏组件及光伏组串的特性，光伏组件中有任何一块电池被遮挡，则整个组件的发电量就会大幅降低，因此采用反向防阴影跟踪策略对发电量的提升有一定效果，具体的提升幅度跟方阵上组件的布置方式、相邻支架的间距以及当地的太阳辐射条件均有关系。

4.6.6　跟踪支架轴承选型

对于跟踪支架来说，轴承是关键部件之一。常规的滚珠或滚轴轴承在润滑良好的情况下阻力较小，但是具有维护量大、密封性要求高、抗低温和风沙能力差等缺点，因此以美国 SUNPOWER 公司为代表的一些企业开始应用 UHMW-PE 材料制作免维护的干轴承。

图 4-8 是采用 UHMW-PE 制造的干轴承。它由 UHMW-PE 轴承和轴承座构成，由于采用了 UHMW-PE 材料，主轴可以采用矩形钢管从而方便了主轴与其他结构的连接。

UHMW-PE 具有极高的分子量，具备优异的使用性能，而且属于价格适中、性能优良的热塑性工程塑料。它几乎集中了各种塑料的优点，具有普通聚乙烯和其他工程塑料无可比拟的耐磨、耐冲

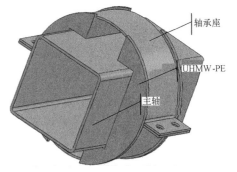

图 4-8　采用 UHMW-PE 制造的干轴承

击、自润滑、耐腐蚀、吸收冲击能、耐低温、卫生无毒、不易黏附、不易吸水、密

度较小等综合性能，非常适合制造干轴承。

4.7 汇流箱内主要器件选型

4.7.1 汇流箱结构和原理

汇流箱是指将光伏组串连接并配有必要的保护器件，实现光伏组串间并联的箱体。由于汇流箱布置在户外，一般要求防护等级在 IP54 以上。

图 4-9 是汇流箱的一次原理图。汇流箱组串输入侧一般采用熔断器作为保护器件，输出侧采用直流断路器作为保护器件，在直流母排上加装防雷器。

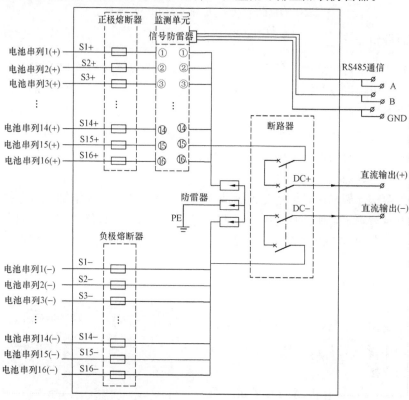

图 4-9　汇流箱一次原理图

4.7.2　熔断器的选择

对于熔断器的选择，我国规范尚不健全。这里参考《美国国家电气规范》（NEC，2011 版）690.35（B）条，对于浮地系统（我国的光伏直流汇集系统一般采用浮地的方式），组串的正、负极均安装熔断器。因为光伏直流汇集系统的短路电流主要由光伏组件提供，不像交流系统那么大，因此汇流箱的熔断器应选择能适应这一特点的光伏专用熔断器。

4.7.2.1　短路电流

假设汇流箱的汇集路数为 n 路，每一路的短路电流为 I_{sc}（I_{sc} 为 STC 条件下组件的短路电流），则当某一组串的正负极短路时（见图 4-10），流过该组串熔断器的短路电流为（$n-1$）$\cdot I_{sc}$。比如，汇流箱的路数为 16 路，某一组串发生短路时，流入该组串熔断器的电流为 $15I_{sc}$。

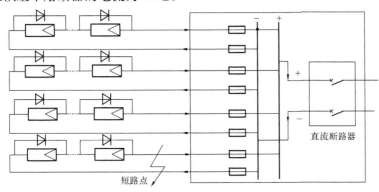

图 4-10　直流电缆短路示意图

4.7.2.2　熔断器的选择

熔断器的额定电压一般不应低于 1000V。熔断器的额定电流一般应不小于 $1.56I_{sc}$，并不大于组件厂家允许的最大熔断器额定电流。

之所以这样选择 $1.56I_{sc}$，是根据《美国国家电气规范》（NEC，2011 版）690.8（A）条的规定。该规定假设组件最大电流是 I_{sc} 的 125%，其原因是在某种云覆盖的条件下，云相当于放大镜，光照强度比 STC 对应的辐照度（$1000W/m^2$）可高出 25%。二是美国国家电气规范（NEC，2011 版）690.8（B）条，要求熔断器必须能承受 125% 的组件最大电流。最终结果是，断路器的额定电流按照 125% 的 I_{sc} 的 125% 选择，即为 156% I_{sc}。

4.7.3　直流断路器的选择

若干组串并联后，一般通过直流断路器作为保护器件，经过直流断路器后输出。直流断路器一般采用四极直流断路器、每两极串联作为一极的方式，以达到 1000V 的耐压水平。直流断路器的额定电流亦按照 $1.56\ I_{sc}$ 选择。

4.7.4　防雷器的选择

汇流箱输出端应配置防雷器，正极、负极都应具备防雷功能。规格应满足如下要求：

1）最大持续工作电压 U_c：$U_c > 1.3 U_{oc}$（STC）。

2）最大放电电流 I_{max}：I_{max}（8/20）$\geqslant$ 40kA，标称放电电流 I_n：I_n（8/20）$\geqslant$ 20kA。

3）电压保护水平 U_p，U_p 是在标称放电电流 I_n 下的测试值，具体应用要求见表 4-4。

4）防雷器应具有脱离器和故障指示功能。

表 4-4　　　　　　　　　　　　防雷器电压保护水平

汇流箱额定直流电压 U_n（V）	电压保护水平 U_p（kV）
$U_n \leqslant 60$	< 1.1
$60 < U_n \leqslant 250$	< 1.5
$250 < U_n \leqslant 400$	< 2.5
$400 < U_n \leqslant 690$	< 3.0
$690 < U_n \leqslant 1000$ *	< 4.0

* 可以采用两只低电压的防雷器串联来提高电压等级，但两只串联防雷器的保护水平之和应小于 4kV。

4.7.5　监视装置

为方便用户及时准确地掌握光伏组串的工作情况，保证太阳能光伏发电系统发挥最大功效，汇流箱中一般那还装有监视装置。监视装置一般可监测每个输入回路的电流、直流母排的电压和防雷器的工作状态。监视装置一般建议采用自供电的方式，以避免大范围、长距离供电的问题。监视装置一般采用 485 通信，为防止从通信线中将感应雷引起的过电压引入到汇流箱中，要求在汇流箱的 485 接口安装信号防雷器，并且通信线应采用铠装屏蔽或穿钢管敷设的方式。

4.8　直流汇集电缆选型

大型光伏电站一般采用二级汇流，其中组串至汇流箱的直流电缆截面积一般与光伏组件自带的电缆截面积相同；而汇流箱至直流柜的电缆截面积则需要根据具体情况确定。

根据 GB 50127—2007《电力工程电缆设计规范》，从汇流箱至直流柜的直流电缆的截面积选取应符合以下三个条件。

（1）按载流量选择导体截面积。根据 NEC690.8（B），设汇流箱的汇集路数为

n 路，每一路的短路电流为 I_{sc}（I_{sc} 为 STC 条件下组件的短路电流），不考虑校正系数时，电缆的载流量应不小于 $1.56nI_{sc}$；同时，当考虑校正系数时，电缆的载流量应不小于 $1.25nI_{sc}$。

（2）电缆截面积不小于短路热稳定要求的最小截面积。假设汇流箱的汇集路数为 n 路，流过汇流箱出口电缆的短路电流为 $1.25nI_{sc}$，与交流系统相比，短路电流很小，一般电缆截面积在满足允许的载流量的同时也能满足短路热稳定的要求。

（3）尚需按照经济电流截面选择电缆截面积。

GB 50127—2007《电力工程电缆设计规范》附录 B 提供了电力电缆经济截面积选择的方法，但由于光伏发电的特殊性，这一方法不能直接应用于从汇流箱至直流柜的电缆截面积选取。实际上，随着计算机技术的应用越来越广泛，并且电缆截面积优化的边界条件的变化很快，采用该规范附录 B 中的公式或查表的方式来计算电缆的经济截面积已经不能适应时代的要求。本书推荐采用差额净现值法来计算电缆的经济截面积。

以北京和格尔木地区为例说明利用差额净现值法选取汇流箱至直流柜电缆（采用 ZC-YJV22 两芯电缆）经济截面积的方法。假设项目均采用 250W 多晶硅组件、16 进 1 出汇流箱，电缆采用直埋敷设，载流量综合校正系数均假设为 0.8。

1）电缆的载流量应不小于 $1.56nI_{sc}$，即 $1.56 \times 8.84 \times 16 = 220.6$A。

2）查 GB 50127—2007《电力工程电缆设计规范》附录 C 表 C.0.1-2，可以得出满足载流量要求的电缆最小截面积为 50mm²，该方案作为方案 0；以 70mm² 和 90mm² 分别为方案 1、方案 2。

3）利用 PVsyst 软件计算得到该项目这段电缆全年每小时流过的平均电流的平方，并将全年的值相加，得到 ΣI^2，$\Sigma I^2 \cdot R$ 即为线损（R 为电缆的电阻）。

这样，分别计算方案 1、方案 2 与方案 0 差额初始投资 ΔC、差额收益 ΔQ 和差额净现值 ΔNPV。其中：ΔC 为不同电缆截面积的购买价格之差（这里忽略不同截面积的安装费用的差别，价格按 2×50mm² 为 66.14 元/m，2×70mm² 为 91.51 元/m，2×95mm² 为 122.91 元/m 考虑）；ΔQ 为不同电缆截面积的年线损费用的差别；计算结果见表 4-5、表 4-6。

表 4-5　　　　　　不同电缆截面积下的造价和损耗（北京地区、固定式）

项　　目	方案 0 50mm²	方案 1 70mm²	方案 2 95mm²
价格（元/m）	66.14	91.51	122.91
电阻（mΩ/m）	0.736	0.526	0.387
损耗 [kW·h/（m·年）]	8.661	6.186	4.558

表 4-6　　　　不同电缆截面积下的差额净现值计算结果（北京地区、固定式）

项　目	方案 0	方案 1—方案 0	方案 2—方案 0
ΔC（元/m）	—	25.37	56.77
ΔQ［元/（m·年）］	—	2.04	3.38
ΔNPV［元/（m·年）］	—	−5.33	−23.55

当项目位于格尔木地区时的计算结果见表 4-7、表 4-8。

表 4-7　　　　不同电缆截面积下的造价和损耗（格尔木地区、固定式）

项　目	方案 0 50mm^2	方案 1 70mm^2	方案 2 95mm^2
价格（元/m）	66.140	91.510	122.910
电阻（mΩ/m）	0.736	0.526	0.387
损耗［kW·h/（m·年）］	14.823	10.588	7.802

表 4-8　　　不同电缆截面积下的差额净现值计算结果（格尔木地区、固定式）

项　目	方案 0	方案 1—方案 0	方案 2—方案 0
ΔC（元/m）	—	25.37	56.77
ΔQ［元/（m·年）］	—	3.36	5.57
ΔNPV［元/（m·年）］	—	7.63	−2.05

计算结果分析：

1）从表 4-6 可以看出，与方案 0 相比，方案 1、方案 2 的 ΔNPV 均为负，因此可以得出结论：在上述条件下，北京地区采用固定式支架的系统，汇流箱至直流柜的电缆采用 50mm^2 截面积是最经济的。

2）从表 4-8 可以看出，与方案 0 相比，方案 1 的 ΔNPV 为正，方案 2 为负。因此可以得出结论：在上述条件下，格尔木地区采用固定式支架的系统，汇流箱至直流柜的电缆采用 70mm^2 截面积是最经济的。

3）当上网电价变化、太阳能资源变化、电缆价格变化或可以接受的投资收益率变化时，上述电缆截面积的选型结论会有所变化。所以，经济电缆截面积不是固定的，应根据具体情况进行计算。

第5章　光伏设备布置

5.1　光伏电站选址

光伏电站的选址需要综合太阳能资源、地形地貌、土地性质、水文地质、接入系统、交通运输和社会经济环境等因素综合比较后确定。

5.1.1　太阳能资源

太阳能资源的丰富程度对电站建成后的经济效益具有决定性的影响。

1）应收集站址附近的长期太阳能资源资料，必要时可安装测光设备进行至少一整年的实测。在收集到相关数据后，对太阳能资源进行初步的分析。

2）还需要对站址的遮挡物情况进行调查，应尽量选择开阔无遮挡的地区。在没有选择余地的情况下，应对遮挡物对站址太阳能资源的影响进行估算。

3）要查明附近已有的或规划的工业设施情况，避开空气经常受悬浮物污染的地区。

5.1.2　地形地貌

光伏电站站址宜选择在地势平坦的地区或北高南低的坡度地区。站址的东西向坡度不宜过大。

站址应避免选择在林木较多、地上线路较多的地区。

屋顶光伏电站的建筑主要朝向宜为南或接近南向，宜避开周边障碍物对光伏组件的遮挡。

5.1.3　土地性质

在光伏电站选址时，要联系当地国土部门落实土地性质，尽量利用非可耕地和劣地。在政策允许时，可以采用光伏农业、渔光互补等形式在农业用地、渔塘处建设光伏电站。

光伏电站的站址应避让重点保护的文化遗址，不应设在有开采价值的露天矿藏或地下浅层矿区上，不应设在军事保护设施区、自然保护区内。在选址时，可根据需要联系当地国土、文物、军事和环保部门落实。

5.1.4 水文地质

在选址时，应根据《光伏发电站设计规范》的要求，落实站址的历史高水（潮）位或内涝水位，结合站址的自然标高，初步估算防洪设计的投资。

选择站址时，应避开危岩、泥石流、岩溶发育、滑坡的地段和地震断裂带等地质灾害易发区。

在选择站址时，应对站址的地质条件、站址的地下水情况、土壤和地下水的腐蚀情况进行初步调查。

在选择站址时，还需要对附近的供水条件进行调查。

5.1.5 接入系统

（1）落实当地电力系统的电力平衡情况和电网规划情况，避免项目建成后"限发"的发生。

（2）落实站址附近的接入条件，尽可能以较短的距离、合适的电压等级接入附近的变电站。

（3）初步了解站址的施工用电和站用电的条件。

5.1.6 交通运输

在站址选择时应充分利用现有的道路，以降低进站道路的成本。还需要考虑项目大型设备（如逆变器、变压器）的进场条件。

当光伏组件靠近主要道路布置时，应考虑光伏组件光线反射对道路行车安全的影响。

5.1.7 社会经济环境

（1）在选址需要跟当地政府落实项目的土地、税收等政策。

（2）落实站址附近的劳动力条件、生活条件。

最重要的是落实项目的上网电价条件、站用电电价，特别是对于自发自用型的电站应落实原用电电价和富余电量上网的电价。

5.2 光伏方阵常规布置

5.2.1 总体布置

在地形地貌允许的情况下，一个光伏发电单元内方阵场应尽可能的布置为正方形，并将逆变器室布置在正中心，以保证电缆总量最小，接地材料总量最小。

5.2.2 光伏方阵的构成

光伏方阵一般包含整数个串的光伏组件，组件可以横向也可以竖向布置（参见5.2.6）。

当场地东西方向较为平整时，每个光伏方阵布置多个组串，但一般不超过 2 个。当场地东西方向有一定的坡度时，一般每个光伏方阵只布置 1 个组串。在某些特殊情况下，每个光伏方阵可以布置少于 1 个组串数量的光伏组件。

5.2.3 固定式方阵前后排间距的计算

固定式光伏方阵通常成排安装，一般要求在冬至影子最长时，两排光伏方阵之间的距离要保证上午 9 点到下午 3 点之间（真太阳时）前排不对后排造成遮挡。

假设一长度为 H 的物体在某天某一时刻的影子长度在东西、南北方向的分量分别为 L 和 D，如图 5-1 所示。L 和 D 可由式（5-1）、式（5-2）求得。冬至日上午 9 点或下午 3 点（真太阳时）时的 D/H 值定义为当地的影子倍率，用 τ 表示。

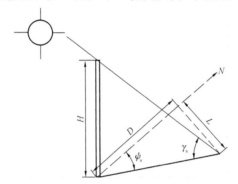

图 5-1　影子长度计算示意图

$$D = H\cot\gamma_s\cos\psi_s \tag{5-1}$$

$$L = H\cot\gamma_s\sin\psi_s \tag{5-2}$$

式中　γ_s——太阳高度角，可由式（4-7）计算得到。

ψ_s——太阳方位角，可由式（4-8）计算得到。

当场地南北向存在坡度时，如图 5-2 所示。光伏方阵前后排的间距 D 可由式（5-3）计算得到。

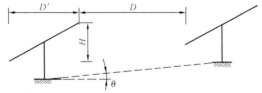

图 5-2　有坡度时方阵前后排间距计算示意图

$$D = \frac{H - D'\tan\theta}{\dfrac{1}{\tau} + \tan\theta} \tag{5-3}$$

式中 θ——南北向坡度，南低北高时为正，南高北低时为负；

　　 D'——方阵在南北向的投影长度；

　　 τ——当地的影子倍率。

5.2.4　固定式方阵东西向间距计算

当东西相邻的固定式方阵标高相同时，若没有特殊要求（比如两者之间有通道、道路或有直埋电缆沟等），方阵东西向间距一般100～200mm即可。但是很多场地在东西向均有一定的坡度，从而造成相邻的方阵的地坪标高有差异，如图5-3所示。

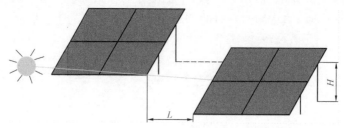

图5-3　东西向相邻的两个方阵（地坪高差为 H、东西间距为 L）

在上述情况下，必须根据高差 H 计算出相应的东西向间距 L，从而指导光伏方阵的布置，以尽量避免遮挡对发电量的影响。

为了找出 H 和 L 之间的关系，将图5-3相关的量简化后放在长方体中，如图5-4所示。图5-4中，在长方体 ABCD-A'B'C'D' 中，GD 和 B'H 分别为相邻两个光伏方阵的右边框和左边框，GO 为太阳光的方向，BC 方向正北方向；在间距为 L 时，东西向方阵恰好不相互遮挡。

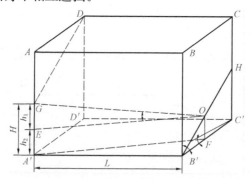

图5-4　东西向相邻的两个方阵间距计算用立体几何模型

根据几何公式推导如下：

作垂线 $OF \perp B'C'$，垂足为 F；过 O 点作 $A'F$ 的平行线，交 AA' 于 E。图5-4

中，$\angle GOE$ 即为太阳高度角 γ_s，$\angle A'FB'$ 即为太阳方位角 ψ_s，$\angle OB'F$ 即为固定式方阵的倾角 β。

不难证明：

$OE = h_1 \cot\gamma_s$

$OE = h_2 \cot\beta / \cos\psi_s$

因此，

$$h_1 \cot\gamma_s = h_2 \cot\beta / \cos\psi_s$$

再由 $H = h_1 + h_2$ 得

$$h_2 = H \times \frac{\cot\gamma_s}{\cot\gamma_s + \cot\beta / \cos\psi_s}$$

$$L = h_2 \cot\beta \tan\psi_s = H \times \frac{\cot\gamma_s \cot\beta \tan\psi_s}{\cot\gamma_s + \cot\beta / \cos\psi_s} \qquad (5\text{-}4)$$

以某项目为例，当地的纬度为 39.4°，采用固定式支架，支架倾角为 35°；由于场地东西向存在坡度，相邻的 2 个固定式方阵高差 $h = 0.2$m。为了保证在冬至日、春分日下午 3 点时东西相邻的方阵不遮挡，相邻的东西向方阵的间距 L 计算过程如下：

根据天文公式计算出，冬至日下午 3 点时的太阳高度角 $\gamma_s = 14.4°$，太阳方位角 $\psi_s = 42.1°$，再根据式（5-4）计算得出：$L = 0.173$m。

根据天文公式计算出，春分日下午 3 点时的太阳高度角 $\gamma_s = 33.1°$，太阳方位角 $\psi_s = 57.6°$，再根据式（5-4）计算得出：$L = 0.164$m。

两者取最大值，即 $L = 0.173$m。

5.2.5 复杂地形条件下的固定式方阵的布置

光伏电站有可能会选址低缓丘陵区或山区，这时，应首先根据坡向对整个光伏电站进行分区。坡向通常有正南坡、正北坡、正西坡、正东坡和非正向坡。对于正北坡和朝北的东西向坡面，除非北坡的角度很小，一般应尽量避免布置光伏方阵。下面以北京地区的正东坡和西南坡两种坡面举例说明方阵布置的方法。

5.2.5.1 正西坡的布置

图 5-5 是正西向坡面的示意图，可以布置的坡面为平面 $ABCD$，坡面朝向正西，坡度为 10°。

对于正西向坡，有三种布置方式：①南北向布置，即单个方阵的长边的投影成正东西向；②东西向布置，即单个方阵的长边的投影成正南北向；③西南向布置，如图 5-6 所示。本算例中，西南向是指南偏西 10°。

对于北京地区，计算得到不同布置方式、不同支架倾角（相对于坡面）下方阵

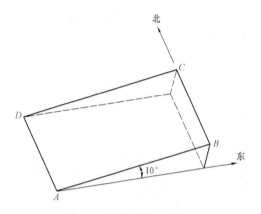

图 5-5　正西向坡面示意图

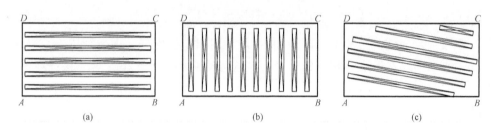

图 5-6　东西向坡面的三种布置方式

（a）南北向布置；（b）东西向布置；（c）西南向布置

面上接收到的年总辐射量见表 5-1。从表 5-1 可以看出，三种布置方式中，南北向布置时的年总辐射量同比最大，是优先采用的布置方案。

表 5-1　北京地区正西向坡面不同布置方式、不同倾角下方阵年总辐射量　　kW·h/m²

倾角 布置	5°	10°	15°	20°	25°	30°	35°	40°
南北向	1532.4	1589.8	1639.1	1679.3	1710	1731.2	1742.1	1742.6
东西向	1477.2	1467.9	1453.5	1434.9	1411.5	1386.1	1356	1322.9
西南向	1508	1564.6	1613.2	1653.6	1684.4	1705.4	1716.6	1717.7

5.2.5.2　西南坡的布置

图 5-7 是西南向坡面的示意图，可以布置的坡面为平面 ABCD，坡面朝向西南，假设西向坡度为 10°、南向坡度亦为 10°。注意：实际的坡面是平面 ABCD 的延伸。

对于这样的坡面，方阵的布置方式可以也有以下三种：①南北向布置，即单个方阵的长边的投影成正东西向；②东西向布置，即单个方阵的长边的投影成正南北

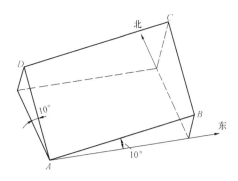

图 5-7　西南向坡面示意图

向；③西南向布置；见图 5-6。本算例中，西南向是南偏西 45°。

对于北京地区，计算得到不同布置方式、不同支架倾角（相对于坡面的东西向坡面分量）下方阵面上接收到的年总辐射量见表 5-2。从表 5-2 可以看出，三种布置方式中，仍然南北向布置时的年总辐射量同比最大，是优先采用的布置方案。

表 5-2　　　北京地区西南向坡面不同布置、不同倾角下方阵年总辐射量　　kW·h/m²

布置 ＼ 倾角	5°	10°	15°	20°	25°	30°	35°	40°
南北向	1532.4	1589.8	1639.1	1679.3	1710	1731.2	1742.1	1742.6
东西向	1331.9	1324.4	1314.5	1301.8	1286.7	1269.4	1249.5	1227.8
西南向	1418.5	1457.9	1491.5	1517.8	1536.8	1549.3	1552.6	1547.4

另外，值得注意的是，对于本算例的正西向坡面和西南向坡面，南北向布置时各个倾角上方阵面上的年总辐射与正西向相同，这是因为光伏方阵南北方向很短，因此南北向的 2 个基础标高一般相同、并不随南北坡向倾斜（当采用单排基础时，由于南北向只有一个基础，自然不会随南北坡向倾斜），因此南北向的坡度只影响前后排的间距。对于任意坡向，方阵沿图 5-6 所示的南北向方向布置时方阵面上接收到的年总辐射最大，方阵的倾角可利用 PVsyst 软件计算、比较后得到，一般与平地时基本接近。

说明：与上述论述一致的是，在复杂地形条件下，PVsyst 软件中支架的倾角定义为方阵与坡面的东西向坡面分量的夹角。

5.2.5.3　方阵前后排间距的选取

本小节所述的复杂地形下方阵前后排间距采用公式计算较为复杂，建议在 PVsyst 软件中建立三维模型后，模拟前后排的遮挡情况，选取的间距一般应满足《光伏发电站设计规范》中所有方阵全年每天无遮挡日照时数不小于 6h 的要求；在特殊情况下，为了保证这一要求而使得间距特别大时，可以根据项目的具体情况适当降低要求或放弃在该区域布置光伏方阵。

5.2.6 光伏组件竖向和横向布置比较

光伏组件采用竖向还是横向布置对系统的发电量和造价有一定的影响。

5.2.6.1 晶硅组件布置方式比较

目前产量较大的 245W 级多晶硅组件是由 60 片 6in 多晶硅电池片串联而成，只要其中有一个电池片由于遮挡而电流大幅减少，整个组件的输出电流也随之被限制，从而影响这个组串的输出电流。当然，该类型的组件一般都配置了 3 个旁路二极管，使得阴影对组串电流的影响有所减小。当多晶硅组件竖向布置（见图 5-8，将组件旋转 90°布置是横向布置）时，如果组件最下面一排电池全部被遮挡，则整个光伏组件将不能发电。当组件横向布置时，如果最下面一排电池全部被遮挡，则相应的旁路二极管导通，组件中 2/3 的电池片仍然可以发电。

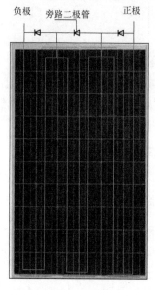

图 5-8　60 片装多晶硅及其旁路二极管配置

组件布置对造价的影响主要体现在配套支架的造价上。当采用固定式支架时，横向布置时的支架造价要高于竖向布置时。

因此，对于晶硅组件，组件竖向布置时配套支架的造价低于横向，但方阵相互遮挡造成的发电量损失高于横向，可结合具体项目采用差额净现值法进行详细比较。

对于固定式方阵，一般来说，正常间距下（即按冬至日上午 9 点至下午 3 点前排对后排不遮挡确定的间距），方阵相互遮挡的时段很少并且遮挡时的辐照度较小，这种情况下采用横向布置对于发电量提升不明显，建议采用竖向布置方式；当场地紧张时，建议采用横向布置方式。

对于跟踪方阵，特别是斜单轴、方位角和双轴跟踪方阵，方阵之间出现遮蔽的情况较多，建议应尽量采用横向布置的方式。

5.2.6.2 非晶硅组件布置方式比较

非晶硅组件的光伏电池呈细长条状，如图 5-9 所示。当组件竖向布置时，很难出现一条电池全部被遮挡的情况，阴影对发电量的影响基本跟阴影的比例成正比。若配置有旁路二极管，则组件横向布置时的情况与晶硅组件相似；若没有配置旁路二极管，则应该禁止组件横向布置。因此，对于非晶硅组件来说，竖向布置方式的

图 5-9 非晶硅组件

发电量要高于横向布置时。

与晶硅组件类似，竖向布置时配套支架的造价要低于横向布置时。

综合发电量和造价比较，非晶硅组件一般应采用竖向布置。

5.3 逆变器及汇流箱布置

5.3.1 逆变器布置

逆变器一般为户内型产品，也有部分厂家可以提供户外型产品。户内型逆变器的布置一般有 2 种方式，一种为预装箱体式，另一种为建筑物内布置式。两者各有优缺点，见表 5-3。在设计时，可根据项目的具体情况选用。

表 5-3 户内型逆变器布置方式比较

序号	比较项目	预装箱体式	建筑物内布置式
1	现场工作	现场土建工作较少，安装快捷	现场土建工作较大
2	保温	通常保温效果不好，不适合寒冷地区	保温效果好，适合寒冷地区
3	综合造价	相当	

5.3.2 汇流箱布置

在目前的设计中，光伏方阵场中汇流箱的布置方案有两种，分别如图 5-10、

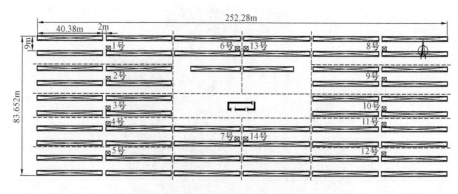

图 5-10　汇流箱布置方案 1

图 5-11 所示。这两种汇流箱布置方案均有采用，并且采用布置方案 1 的更为普遍。两种汇流箱布置方案使得初始投资、直流线损以及逆变器直流侧输入功率不同，从而直接关系到项目的初始投资和后期收益，需要进行仔细的对比研究。

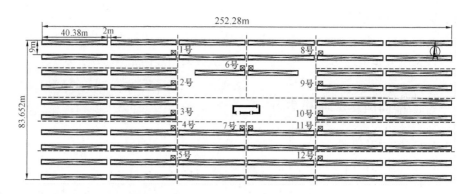

图 5-11　汇流箱布置方案 2

以具体实例对汇流箱布置方案 1 和方案 2 分别计算单个光伏发电单元的电缆长度、用铜量和发电量。

光伏发电单元由 54 个光伏方阵组成，容量 1005.8MW。每个光伏方阵包含 80/60 块 CS6P-235P 组件并组成 4/3 个组串；每 16/11 个组串汇入 1 个汇流箱，再汇入逆变器直流侧。

（1）电缆及用铜量比较。从组串至汇流箱采用 4mm² 截面铜芯电缆，从汇流箱至逆变器直流侧采用 70mm² 截面铜芯电缆。经统计两种布置方案的直流汇集电缆长度和电缆总用铜量见表 5-4。

表 5-4		两种布置方案电缆长度及用铜量对比	m
方案	组串至汇流箱 （1×4mm²）	汇流箱至直流柜 （2×70mm²）	总用铜量 （kg）
1	11 263	1324	2051
2	18 654	862	1738

从表 5-4 可以看出，布置方案 1 所需 4mm² 电缆长度明显少于布置方案 2，但 70mm² 电缆长度明显多于布置方案 2；布置方案 1 用铜量比布置方案 2 多 18%。分析方案 1 用铜量多的原因如下：从汇流箱至直流柜的电流是单个组串的 16 倍，电缆截面积亦约为其 16 倍；从汇流箱至直流柜通过 70mm² 截面电缆相连可等价为每个组串通过 2 根 4mm² 截面电缆相连；方案 1 中大约一半的组串从组串至汇流箱再到直流柜的路径总长度高于方案 2；因此，方案 1 用铜量比方案 2 多。

（2）初始造价比较。

根据掌握当前市场价格信息，从组串至汇流箱的光伏专用电缆 PV1-F 1×4mm² 电缆的主材费约为 4 元/m，安装费约为 5 元/m，从汇流箱至直流柜采用 YJV22-2× 70mm² 电缆的主材费 83 元/m、安装费约为 10 元/m。这样，方案 1 的电缆费用为 224 503 元，方案 2 的电缆费用为 248 030 元，方案 1 比方案 2 节省 23 527 元。

（3）发电量比较。

这两种布置方案发电量的差异主要受两个因素影响：线损和不匹配损失。线损是电能在电缆电阻上消耗的能量，不匹配损失是由各个组串至逆变器直流侧的电压降不同引起的。要计算这两种方案的线损和不匹配损失，需要首先建立数学模型，然后通过仿真计算得到 STC 条件下的线损和不匹配损失，然后再通过 PVsyst 软件计算实际工况下的线损和不匹配损失。

在 STC 条件下，组串的 MPPT 电压为 603.9V，对应的 MPPT 电流为 7.809A、MPPT 功率为 4715.7W。也就是说，在 STC 条件下，对上述两种方案，如果每个组串至逆变器直流侧的电压降相同（并假设组件的 U-I 性能完全相同），则所有组件的出力之和均为 1009.16kW。对上述两种布置方案来说，所有组件出力之和与 1009.16kW 之差即为其不匹配损失。

经计算两种布置方案组件的不匹配损失及线损见表 5-5。在计算线损和不匹配损失时将组件自带的正负极电缆考虑在内，每极按 1.1m 计算。

表 5-5	两种布置方案的不匹配损失及线损（STC 条件下）	
方案	不匹配损失	线损
1	0.07%	1.6%
2	0.07%	1.44%

可以看出，对于两种布置方案来说，不匹配损失非常接近，并且都很小。以布置方案 2 为例说明，组串至逆变器直流侧的线路压降最大为 2.32%，最小为 0.63%，平均值为 1.46%。粗略估算，受不匹配损失影响最大的组串的工作电压偏离其最优 MPPT 电压约 0.8%；若按其他组串偏离电压的百分比近似按线性考虑，则所有组串偏离 MPPT 电压平均约 0.4%，根据组串的 MPPT 的电压—功率曲线可以计算得到总的功率偏差约为 0.08% 左右，与上述精确计算的结果相近。

表 5-5 计算的仅仅是 STC 条件下直流线损，为了便于下一步比较，可以采用 PVsyst 软件由 STC 条件下的线损计算得到全年的实际线损，方案 1 和方案 2 分别为 1.1% 和 1.0%。

（4）采用差额净现值法比较。该项目的第一年等效利用小时为 1780h，采用差额净现值法的计算结果见表 5-6。

表 5-6 汇流箱布置方案比选的差额现金流

指 标	方案 2—方案 1	年 限
一、现金流入		
1.1 销售收入（元）	1377	20 年每年
二、现金流出		
2.1 建设投资（元）	23 527	仅第 1 年

折现率按 8% 考虑，计算方案 2 减方案 1 的净现值为 −10 007 元，因此选择方案 1，即该项目采用汇流箱布置方案 1 更为经济。

一般来说，在当前市场价格条件下，选择汇流箱布置方案 1 更为经济。当电缆的主材费用、安装费用变化与本书设定的条件相差较大时，建议按本书介绍的方案重新核算，核算发电量差异时一般可不考虑不匹配损失的差异。

5.4　光伏方阵间距优化

5.4.1　面积不受限制时光伏方阵间距优化

光伏方阵的东西、南北间距与光伏系统的发电量、造价有密切关系。间距加大则方阵相互遮挡造成的阴影损失减少、发电量增加，但代价是占地面积增大、汇集电缆长度增加，从而系统造价增加。光伏方阵优化布置的目的是找出最优的方阵间距。

可以根据工程经验，列出可能的布置方案，以其中占地最少的作为方案 0，其他作为方案1、方案2、…、方案n，对（方案1—方案0）、（方案2—方案0）、…、（方案n—方案0）分别采用差额净现值法计算，其中差额净现值大于0的方案均可认为优于方案0，差额净现值最大的方案为最优方案。

不同布置方案的现金流入之差 ΔQ，主要是产品销售收入之差；不同布置方案的现金流出之差，主要是建设投资之差 ΔC。

GCR 指的是方阵自身的面积与方阵占地面积之比，则光伏电站的面积可用式（5-5）表示，即

$$S = \frac{S_0}{GCR} \qquad (5\text{-}5)$$

式中：S_0 为光伏方阵自身的面积，m^2；S 为光伏方阵的占地面积，m^2。

光伏发电单元的初始投资与面积成正比的项主要有接地装置、场地平整和征地费用；与边长成正比的项主要有高低压汇集电缆、场区光缆、场区检修道路、围墙等费用；由于光伏发电单元一般布置成接近方形，因此，布置方案的初始投资中与占地面积及边长有关的部分可以用式（5-6）表示。

$$C' = S_0/GCR \cdot \lambda_1 + \sqrt{S_0/GCR}/\lambda_2 \qquad (5\text{-}6)$$

式中：C' 为布置方案的初始投资中与占地面积和占地区域边长有关的部分，元；λ_1、λ_2 为常数，取值依据项目不同而异；λ_1 为单位面积的接地装置、场地平整和征地费用之和，元$/m^2$；λ_2 为场地单位边长的高低压汇集电缆、场区光缆、场区检修道路、围墙等费用之和，元$/m$。

GCR 与间距的关系可用式（5-7）、图 5-12 表示。

$$GCR = \frac{L_{SN} \cdot L_{EW}}{D_{SN} \cdot D_{EW}} \qquad (5\text{-}7)$$

式中：L_{SN} 为光伏方阵自身南北方向长度；L_{EW} 为光伏方阵自身东西方向长度；D_{SN} 为南北方向相邻光伏方阵中心间距；D_{EW} 为东西方向相邻光伏方阵中心间距。

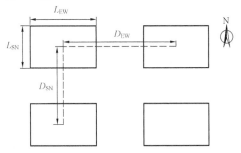

图 5-12　方阵尺寸及间距示意图

5.4.1.1　方阵间距优化计算步骤

常用的光伏方阵可以分为固定式、平单轴跟踪、斜单轴跟踪、方位角跟踪和双轴跟踪等 5 种类型。这 5 种类型的方阵在间距优化计算时又可以分为两类：第Ⅰ类是仅有一个方向须留有间距而另一个方向是不留间距的，如固定式和平单轴跟踪；第Ⅱ类在东西和南北两个方向都必须留有间距，如斜单轴、方位角和双

轴等其他 3 种方阵。

（1）第Ⅰ类方阵的间距优化计算步骤。

1）计算出该项目的 λ_1、λ_2；

2）可以根据工程经验，列出可能的 GCR，以其中占地最少的作为方案 0，其他作为方案 1、方案 2、…、方案 n，分别计算不同方案的 C'（与面积及边长有关的投资）和 Q（25 年平均年发电量×不含税电价），对（方案 1—方案 0）、（方案 2—方案 0）、…、（方案 n—方案 0）分别采用差额净现值法计算，其中差额净现值大于 0 的方案均可认为优于方案 0，差额净现值最大的方案为最优方案。

根据工程经验，在北纬 40°附近区域，对于第Ⅰ类方阵，$1/GCR$ 取值范围一般为 2～5 之间（含 2 和 5），步长按 0.5 考虑。若未能找出最优间距，可扩大 $1/GCR$ 的取值范围。

（2）第Ⅱ类方阵的间距优化计算步骤。与第Ⅰ类方阵不同的是，第Ⅱ类方阵在东西和南北方向都有间距，因此第Ⅱ类间距优化实际上是一个二元优化问题。从便于工程应用的角度，可首先确定南北向间距 D_{SN}，从而将二元优化问题转化为一元优化问题（只需通过优化的方法计算东西向间距）。

南北向间距的确定方法：在 PVsyst 软件中建立两个光伏方阵的三维模型，其中一个方阵布置在另一个方阵的正北向。调整两个方阵的间距，模拟冬至日的遮挡情况。当地冬至日前面光伏方阵对正后方的方阵全天不遮挡时的最小距离作为 D_{SN}。

之后的计算步骤同第Ⅰ类方阵。

根据工程经验，在北纬 40°附近区域，对于第Ⅱ类方阵，$1/GCR$ 取值范围一般为 4～8 之间（含 4 和 8），步长按 0.5 考虑。若未能找出最优间距，可扩大 $1/GCR$ 的取值范围。

5.4.1.2 方阵间距优化计算算例

在本节的算例中均按内蒙古包头 20MW 光伏特许权项目（简称包头项目）的相关边界条件进行计算。项目装机容量 20MW，位于内蒙古达茂旗（41.7N，110.4E），多年平均总辐射 6347.5MJ/m²，多年平均气温 3.6℃，设计采用平单轴跟踪支架。

为减少仿真计算时间，本小节所有算例均以 500kW 光伏发电单元建模进行计算。组件采用 TSM-250-P05 参数计算，每个组件由 60 片 6in 电池片串联而成，每 20 片电池片并联一个二极管（共 3 个）。每个组串由 20 块组件构成，共 100 个组串。

不同布置方案的直流线损是不同的，在计算时假设 $GCR=1/2.78$ 时的线损为

1.5%（STC 条件下），其他布置方案的线损为 $\sqrt{\dfrac{1}{2.78GCR}} \times 1.5\%$（STC 条件下）。发电量采用 PVsyst6.0 软件计算，阴影遮挡按"精确模式"（见第 6 章）。

（1）计算 λ_1 和 λ_2。

根据包头项目 20MW 光伏特许权项目（采用平单轴跟踪式）的最终版概算表：

组件总面积 $S_0 = 136\ 125\text{m}^2$，$GCR = 0.211\ 9$。

与面积有关的概算项共 858 万元，包括接地 73 万元，场地平整 185 万元，征地费 600 万元；

与边长有关的概算项共 985 万元，包括：集电线路 761 万元，场区光缆 24 万元，场区检修道路 52 万元，围栏 148 万元。

计算得到：$\lambda_1 = 13.4$ 元/m²，$\lambda_2 = 12\ 288.4$ 元/m。

（2）采用固定式方阵时方案比较。

设 $1/GCR = 2$ 为方案 0，$1/GCR = 2.5$ 为方案 1，$1/GCR = 2.78$ 为方案 2，$1/GCR = 3$ 为方案 3，$1/GCR = 3.5$ 为方案 4，$1/GCR = 4.0$ 为方案 5。每个方阵中的组件竖向布置，共 2 行，每行中每 20 块组件为一串。

说明：$1/GCR = 2.78$ 是根据常规的固定式方阵南北向间距计算方法确定的，也作为优化比较的一个值。常规的固定式方阵南北向间距计算方法是按照冬至日上午 9 点至下午 3 点前排对后排不遮挡为原则计算得出的。

计算得出不同布置方案下的 C' 及 Q 见表 5-7，不同布置方案与方案 0 的差额净现值计算结果见表 5-8 和图 5-13。

表 5-7　　　　　固定式方阵不同布置方案下的 C' 及 Q

项目	方案 0	方案 1	方案 2	方案 3	方案 4	方案 5
Q（元/年）	664 615	691 538	696 154	698 462	700 000	703 077
C'（元）	1 080 866	1 219 999	1 292 798	1 347 885	1 467 248	1 579 864

表 5-8　　　　　固定式方阵不同布置方案差额净现值

项目	方案 0	方案 1—方案 0	方案 2—方案 0	方案 3—方案 0	方案 4—方案 0	方案 5—方案 0
ΔC（元）	—	139 133	211 932	267 019	386 382	498 998
ΔQ（元/年）	—	26 923	31 539	33 847	35 385	38 462
ΔNPV（元）	—	125 201	97 717	65 287	−38 971	−121 377

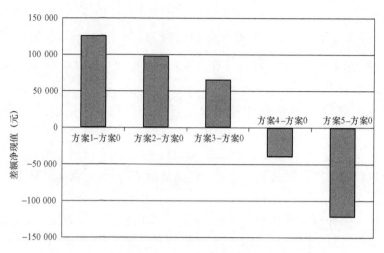

图 5-13 固定式方阵不同布置方案的差额净现值比较

从图 5-13 可以看出：针对本项目，方案 1（1/GCR 取为 2.5）为最优布置方案，比常规的按照冬至日上午 9 点至下午 3 点不遮挡确定的间距略小。

（3）采用平单轴方阵时方案比较。

设 1/GCR＝2 为方案 0，1/GCR＝2.5 为方案 1，1/GCR＝3 为方案 2，1/GCR＝3.5 为方案 3，1/GCR＝4 为方案 4，1/GCR＝4.5 为方案 5，计算得出不同布置方案下的 C' 及 Q 见表 5-9，不同布置方案与方案 0 的差额净现值计算结果见表 5-10 和图 5-14。

表 5-9　　　　　　　　　　　　平单轴式方阵不同布置方案 C' 及 Q

指标	方案 0	方案 1	方案 2	方案 3	方案 4	方案 5
Q（元/年）	741 538	766 923	781 538	790 769	796 923	801 538
C'（元）	1 080 866	1 219 999	1 347 885	1 467 248	1 579 864	1 686 965

表 5-10　　　　　　　　　　　　平单轴方阵不同布置方案差额净现值

指标	方案 0	方案 1—方案 0	方案 2—方案 0	方案 3—方案 0	方案 4—方案 0	方案 5—方案 0
ΔC（元）	—	139 133	267 019	386 382	498 998	606 099
ΔQ（元/年）	—	25 385	40 000	49 231	55 385	60 000
ΔNPV（元）	—	110 097	125 707	96 973	44 776	−17 011

从图 5-14 可以看出，本项目采用平单轴跟踪方阵时，1/GCR 取为 3 最为合适。

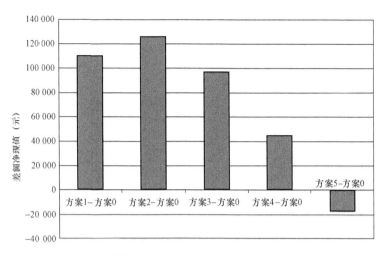

图 5-14　平单轴方阵不同布置方案的差额净现值比较

（4）采用斜单轴方阵时方案比较。

单个斜单轴方阵 L_{SN}＝4m、L_{EW}＝8.25m、倾角为 30°、跟踪范围［－60°，60°］。

利用 PVsyst 软件模拟得到当地冬至日光伏方阵对正后方的方阵全天基本不遮挡时的 D_{SN}＝16m。

设 $1/GCR$＝4.5 为方案 0，$1/GCR$＝5 为方案 1，$1/GCR$＝5.5 为方案 2，$1/GCR$＝6 为方案 3，$1/GCR$＝6.5 为方案 4，$1/GCR$＝7 为方案 5，计算得出不同布置方案下的 C' 及 Q 见表 5-11，不同布置方案与方案 0 的差额净现值计算结果见表 5-12 和图 5-15。

表 5-11　　　　　　　斜单轴式方阵不同布置方案 C' 及 Q

项目	方案 0	方案 1	方案 2	方案 3	方案 4	方案 5
Q（元/年）	793 077	798 462	820 000	827 692	836 154	841 538
C'（元）	1 686 965	1 789 450	1 887 997	1 983 131	2 075 271	2 164 758

表 5-12　　　　　　　斜单轴方阵不同布置方案差额净现值

项目	方案 0	方案 1—方案 0	方案 2—方案 0	方案 3—方案 0	方案 4—方案 0	方案 5—方案 0
ΔC（元）	—	102 485	201 032	296 166	388 306	477 793
ΔQ（元/年）	—	5385	26 923	34 615	43 077	48 461
ΔNPV（元）	—	－49 618	63 304	43 694	34 630	－1990

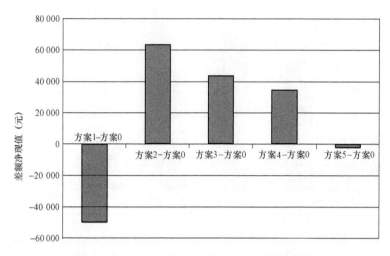

图 5-15　斜单轴方阵不同布置方案的差额净现值比较

从图 5-15 可以看出：该项目采用平单轴跟踪方阵时，1/GCR 取为 5.5 最为合适。

（5）采用双轴跟踪方阵时方案比较。

单个双轴跟踪方阵 L_{SN}＝5m、L_{EW}＝6.6m、倾角跟踪范围 [0°，70°]、方位角跟踪范围 [−80°，80°]。

利用 PVsyst 软件模拟得到当地冬至日光伏方阵对正后方的方阵全天基本不遮挡时的最小距离 D_{SN}－14m。

设 1/GCR＝5 为方案 0，1/GCR＝5.5 为方案 1，1/GCR＝6 为方案 2，1/GCR＝6.5 为方案 3，1/GCR＝7 为方案 4，1/GCR＝7.5 为方案 5，计算得出不同布置方案下的 C' 及 Q 见表 5-13，不同布置方案与方案 0 的差额净现值计算结果见表 5-14和图 5-16。

表 5-13　　　　　　　　双轴式方阵不同布置方案 C' 及 Q

指标	方案 0	方案 1	方案 2	方案 3	方案 4	方案 5
Q（元/年）	833 846	848 462	847 692	868 462	875 385	882 308
C'（元）	1 789 450	1 887 997	1 983 131	2 075 271	2 164 758	2 251 870

表 5-14　　　　　　　　双轴方阵不同布置方案差额净现值

指标	方案 0	方案 1—方案 0	方案 2—方案 0	方案 3—方案 0	方案 4—方案 0	方案 5—方案 0
ΔC（元）	—	98 547	193 681	285 821	375 308	−462 420
ΔQ（元/年）	—	14 616	13 846	34 616	41 539	48 462
ΔNPV（元）	—	44 950	−57 737	54 038	32 523	13 382

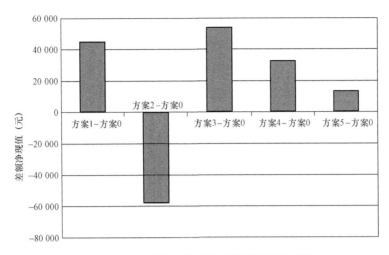

图 5-16　双轴方阵不同布置方案的差额净现值

从图 5-16 可以看出：该项目采用双轴跟踪方阵时，1/GCR 取为 6.5 最为合适。

综上分析，固定式、平单轴、斜单轴和双轴跟踪方阵优化布置后的 1/GCR 见表 5-15。

表 5-15　　　　　　不同方阵优化布置后的 1/GCR 和发电量比较

	固定式系统	平单轴系统	斜单轴系统	双轴系统
1/GCR	2.5	3	5.5	6.5
发电量*	1.000	1.130	1.209	1.256

注　*　发电量以固定式为基准，进行比较。

从表 5-15 可以看出，对于该项目，经过优化布置后：平单轴占地面积约为固定式的 1.2 倍，斜单轴约为固定式的 2.2 倍，双轴约为固定式的 2.6 倍；平单轴、斜单轴和双轴系统的发电量约比固定式分别提高 13%、20.9% 和 25.6%。

如果不考虑方阵之间的相互遮挡，该项目不同支架方阵面上接收到的年总辐射量见表 5-16。可以看出，不考虑遮挡时，跟踪支架系统接收的年总辐射量比固定支架提高的幅度要明显高于表 5-14 中相应发电量的增幅。这因为跟踪支架不只是接收到的年总辐射量增加，其相互之间的遮挡损失也比固定式支架大。

表 5-16　　　　　不考虑相互遮挡时不同支架方阵面上接收到的总辐射

方阵类型	固定式系统	平单轴系统	斜单轴系统	双轴系统
总辐射（量）	1.000	1.138	1.277	1.339

注　以固定式为基准进行比较。

另外需要指出的是：不同项目的同一方阵型式的最优间距可能是不同的，应根据具体项目的情况具体分析计算后确定。

5.4.2 面积受限时的光伏方阵布置优化

当光伏方阵可布置的面积受限时，分两种情况考虑：①如果安装容量不限制时，则优化方法与面积不受限时相似；②如果安装面积确定同时安装容量也确定，则光伏方阵场的 GCR 就已经确定。对于第①类光伏方阵来说，方阵间距已经确定。这时主要通过调整支架本身的参数来实现系统的优化。而第②类光伏方阵占地较大，在场地紧张的条件下，建议采用第①类光伏方阵。

下面以北京地区某光伏电站为例，说明在安装面积确定同时安装容量也确定时，通过优化固定式支架倾角的方式达到整个系统的发电量最大的目标。

某光伏电站位于北京平谷，采用非晶硅组件、固定式支架，单个光伏方阵长约16m、宽约2.5m。根据当地的太阳能资源条件，固定式支架倾角为 35°时全年接收到的总辐射量最大。在这个倾角下，为保证冬至日上午9点至下午3点前排方阵不对后排方阵造成遮挡，前后排方阵中心距离约为 6.33m。而该项目的总用地面积已经限定为 21 000m²，投资方要求安装容量为 600kW，此时前后排方阵中心距离已经确定为 4.28m，无法保证上述 6.33m 的要求。

在这个情况下，优化的方式转而从固定式支架的倾角入手。在间距为 4.28m 的前提下，对倾角从 16°~33°分别计算系统的发电量，结果见表 5-17。

表 5-17 　　　　固定式支架倾角变化时的年发电量（以最大为 100%）

倾角	16°	18°	20°	22°	23°	24°
年总量（%）	99.5	99.6	99.6	99.5	99.4	99.2
倾角	25°	26°	27°	28°	30°	33°
年总量（%）	100	98.8	98.6	98.3	97.7	96.6

从表 5-17 可以看出，当倾角变为 25°时，系统的发电量最大。因此，支架的倾角选取为 25°。

第6章 光伏电站发电量计算

6.1 发电量计算

光伏电站发电量计算的过程较为复杂，一般需要借助相关软件。国内使用较多的有 RETScreen 软件和 PVsyst 软件。

RETScreen 清洁能源项目免费分析软件可以在全球范围内使用，用以评估各种能效、可再生能源技术的能源生产量、节能效益、寿命周期成本、减排量和财务风险。软件也包括设备、成本和气候数据库，并有一个详细的在线用户手册。RETScreen 软件只需要输入代表年每个月的水平面总辐射量，并手动设定能量转换、传输过程中的损失系数，就可以计算出光伏电站的发电量。由于相关损失系数需要手动设定，并且计算过程比较粗略，利用 RETScreen 软件计算的发电量的准确度受使用者经验影响较大。

PVsyst 软件由瑞士 Geneva 大学环境科学学院开发的光伏发电仿真软件，它对光伏系统中的各个设备和转换过程进行了建模，可详细对能量转换、传输过程中的损失进行计算，适合光伏系统的精细化设计。

因此，本书中涉及发电量计算的部分均采用 PVsyst 软件，该软件的详细使用方法见第9章。

6.1.1 发电量计算准确度的影响因素

发电量的计算实际上是一种对未来的预测，是一个概率问题，因此肯定会存在较多的不确定因素，也很难完全准确。在设计工作中，只能根据已知的条件，尽可能掌握相关的规律，提高发电量计算的准确度。每个仿真计算得出的发电量都对应一个发生的概率，对其参考意义要有正确的理解与认识。

根据设计经验，影响 PVsyst 发电量计算准确度的因素主要有：

（1）外部输入数据的误差，如代表年辐射数据的误差；

（2）能量转换、传输过程中的损失的确定和计算；

（3）PVsyst 软件自身计算模型的局限。

其中，因素（1）主要是太阳能资源分析阶段的任务；本章重点放在因素（2），对因素（3）也有所涉及。

6.1.2 光伏电站发电量计算公式

光伏电站某一时间段的发电量 E 可以用式（6-1）表示，即

$$E = PR \cdot P \cdot h \tag{6-1}$$

$$PR = (1 - \eta_1) \cdot (1 - \eta_2) \cdot (\cdots) \cdot (1 - \eta_n) \tag{6-2}$$

式中：E 为光伏电站某一时间段的发电量，$kW \cdot h$；P 为光伏电站所有组件峰值功率之和，kW；h 为该段时间内方阵面上的峰值日照时数。将太阳能资源代表年数据（根据第 2 章提供的方法获得）输入到 PVsyst 软件可以获得在该段时间内方阵面上接收到的总辐射量，进而得到峰值日照时数。如某段时间方阵面上接收到的总辐射为 $5kW \cdot h/m^2$，则峰值日照时数为 5h。PR 为该时间段内光伏电站的平均系统效率。η_1、η_2、$\cdots$、η_n 为光伏电站各个能量转换及传输过程中的损失。

PVsyst 软件计算光伏电站发电量时以 1h 为步长，分别计算该小时内的 PR，从而计算出该小时的发电量、再将各小时的发电量相加得到日、月、年发电量。

6.2 光伏电站能量转换、传输过程中的损失

光伏电站能量转换、传输工程中的损失包括阴影遮挡损失、相对透射率损失、弱光损失、温度损失、污秽损失、组件实际功率与标称之差损失，组件不匹配损失、汇集电缆损失、逆变器效率损失、逆变器出口至并网点损失，如图 6-1 所示。

下文将对光伏电站能量转换、传输过程中的各项损失逐一解释，并以包头和广州两个地区的项目为例说明。

包头项目主要情况：项目位于内蒙古达茂旗（41.7N，110.4E），多年平均总辐射 $6347.5MJ/m^2$，多年平均气温：$3.6℃$。采用固定式支架（倾角37°），每个方阵中的组件竖向布置，共 2 行，每行中每 20 块组件为一串。为保证冬至日上午 9 点至下午 3 点不遮挡，前后排方阵中心线间距应为 9.3m；光伏系统容量 0.5MW；组件采用 TSM-250-P05，每个组件由 60 片 6in 电池片串联而成，每 20 片电池片并联一个二极管（共 3 个）。

广州项目主要情况：项目位于（23.1N，113.3E），多年平均总辐射 $4368.1MJ/m^2$，多年平均温度 $22.7℃$，当采用固定式支架时，倾角取12°。

6.2.1 阴影遮挡损失

阴影遮挡损失可以分为两类，一种可以称为远方遮挡，是由于场地远方的物体对光伏方阵场区造成的遮挡损失，如远处的山脉等，可以用 PVsyst 软件的"hori-

图 6-1　光伏电站能量转换、传输过程中的损失

zon"模块进行仿真；另一种可以称为近处遮挡，是场地附近的物体以及方阵之间的遮挡损失，可以用 PVsyst 软件的"near shadings"模块进行仿真。

（1）远方遮挡。远方遮挡的特点是遮挡物离光伏方阵场区较远。正是因为远，所以遮挡物对整个场区的遮挡影响是一致的。

（2）近处遮挡。近处遮挡的特点是，遮挡物一般只在某些特定的时间段，对光伏方阵场的某些特定区域有遮挡影响。要详细计算"近处遮挡"的影响，可以利用 PVsyst 软件建模计算。

PVsyst 软件首先根据几何相对位置关系计算光学遮挡情况，然后将光学遮挡情况通过特定的模型反应在组串的出力上。对于将光学遮挡换算到组串的出力影响这一过程，PVsyst 软件 6.0 版本可以选择线性模式、分割模式和精确模式三种计算模式。线性模式假设光伏组件的发电量损失与遮挡比例呈线性；分割模式将方阵分割成若干个组串，每个组串区域只要有一点被遮挡则该区域直射光就不能发电；精确模式可以将组件的布置方向、组串的连接方式和组件内的旁路二极管的作用等因素均考虑在内，这样的计算结果介于线性模式和分割模式之间，更接近于实际的情形。

结合 5.2.6 章节的分析，晶硅组件竖向布置时的阴影损失更接近于分割模式下的计算值，横向布置时的阴影损失则介于线性模式和分割模式之间；非晶硅组件竖向布置时的阴影损失更接近于线性模式下的计算值，横向布置时的阴影损失与晶硅组件类似。

（3）固定方阵阴影遮挡损失计算实例。

包头项目（固定式支架），间距为 9.3m 和 7m 分别计算三种模式下的遮挡损失，结果见表 6-1。

表 6-1 固定式方阵相互遮挡损失

间　距	9.3m			7m		
遮挡模式	线性模式	分割模式	精确模式	线性模式	分割模式	精确模式
阴影损失（%）	3.5	4.1	3.7	4.7	7.4	6.9

计算结果分析：

1）对于通常的间距选取（即按冬至日上午 9 点至下午 3 点不遮挡选取），三种模式下阴影遮挡计算结果差别不大，这是因为这样的间距设定已经尽可能避免了阴影遮挡，且发生遮挡时的直接辐照度相对较小，而散射辐射受遮挡的影响较小。

2）对于间距比较小时，三种模式下阴影遮挡计算结果的差别开始扩大。对于本算例采用的组件竖向布置的形式，精确模式下的阴影遮挡损失与分割模式接近。

（4）不同类型方阵阴影遮挡损失计算实例。

对于包头项目，按照精确模式利用 PVsyst 软件分别计算固定式、平单轴、斜单轴和双轴跟踪支架的阴影遮挡损失，方阵的间距按第 5 章的最优间距选取。计算结果见表 6-2。

表 6-2 不同类型方阵相互遮挡损失（精确模式，包头地区）

方阵类型	固定式	平单轴	斜单轴（倾角 30°）	双轴
阴影损失（%）	4.4	6.9	8.9	9.1

计算结果分析：在优化布置的前提下，跟踪支架在跟踪太阳收集更多的太阳能时，支架间阴影遮挡损失也明显高于固定式支架。

6.2.2 相对透射率损失

光学材料的反射和透射与入射角度有关，光伏组件的封装玻璃也不例外。相关文献对清洁表面已经建立了基于菲涅耳公式的理论模型。被广泛采用的公式来自于美国采暖、制冷与空调工程师协会（ASHRAE），在一给定的入射角 θ_s 情况下，这个模型可以简单描述为

$$FT_B(\theta_s) = 1 - b_0 \left(\frac{1}{\cos\theta_s} - 1 \right) \qquad (6\text{-}3)$$

式中：$FT_B(\theta_s)$ 为经过垂直入射的总透射率归一化的相对透射率；b_0 为一个可以调整的参数，对于不同种类的光伏组件，这个参数的值可以通过经验得到，PVsyst中默认 $b_0 = 0.05$。图 6-2 给出了 $b_0 = 0.05$ 时 $FT_B(\theta_s)$ 与 θ_s 的关系曲线，可以看出，该曲线在 60°以后有一个明显的弯折，在 60°以下时的影响很小，如 $FT_B(40°) = 0.98$。式（6-3）适用于直射光，对于散射光则统一简化取值为 $FT_B = 0.9$。

在组件功率标定测试时，光线是垂直入射的直射光，即 $FT_B(0°) = 1$；实际上组件在工作时，直射光线较少与组件垂直（对非双轴跟踪方阵），并且存在一定比例的散射光（因此，即使双轴跟踪方阵这一损失也存在），因此需要计算在实际工况下的相对透射率损失。

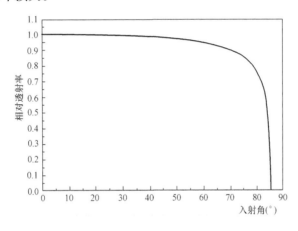

图 6-2 相对透射率损失

以光伏电站工程为例，对于包头项目，利用 PVsyst 软件分别对采用固定式、斜单轴和双轴跟踪时的相对透射率损失进行计算。

计算结果为：固定式相对透射率损失约 2.6%，斜单轴相对透射率损失约 1.3%，双轴相对透射率损失约 1.0%。

对计算结果分析可知，斜单轴、双轴跟踪系统由于跟踪使得入射角减小，从而该损失有较大幅度的下降。需要注意的是，双轴跟踪系统也还存在该项损失，这主要是由于散射辐射的方向各异。

6.2.3 弱光损失

组件功率标定测试时，辐照度 1000W/m²，当光强下降时，不管是晶体硅还是非晶硅组件，光电转换效率一般会呈现降低的趋势，此称为弱光损失。但是降低幅度有差别，一般认为非晶硅组件的弱光性要好于晶体硅组件，实际上近年来晶体硅的技术进步较为明显，两者的弱光性能已经非常接近，甚至某些晶体硅组件的弱光性要好于某些非晶硅组件。

不同辐照度条件下某厂家多晶硅组件、某厂家非晶硅组件的辐照度—光电转换效率分别如图 6-3 所示。从该图可以看出，某厂家多晶硅组件的弱光性甚至要好于某厂家非晶硅组件；特别是在 $400 \sim 800 \mathrm{W/m^2}$ 这一区间，前者的光电转换效率甚至比 $1000 \mathrm{W/m^2}$ 要高。

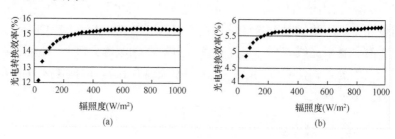

图 6-3　多晶硅组件和非晶硅组件在不同辐照度下光电转换效率（电池温度 25℃）

(a) 多晶硅；(b) 非晶硅

算例：对包头项目（固定式支架），利用 PVsyst 软件计算得到：采用 TSM-250-P05A 多晶硅组件时，全年由于弱光性造成的发电量损失约为 0.5%；采用某厂家非晶硅组件时，全年由于弱光性造成的发电量损失约为 1.5%。

6.2.4　温度损失

组件的实际输出功率与电池片的温度有关，这个影响可以用峰值功率温度系数来表示。根据输入的代表年辐射量和温度利用 PVsyst 软件可以计算出温度损失。

非晶硅组件的峰值功率温度系数通常在 $-0.2\%/℃$ 左右，而多晶硅组件通常在 $-0.45\%/℃$ 左右。

当光伏电池温度升高到 60℃ 时（这在夏季是可能的），非晶硅组件的功率损失为 7% 左右，多晶硅组件的功率损失为 15.8% 左右；当然光伏电池温度降低到 $-10℃$ 时（这在西北地区冬季完全可能），与 STC 条件相比，非晶硅发电量仅增加 7% 左右，而多晶硅组件增加的发电量达 15.8%。因此非晶硅组件比较适合气温较高的地区。

1）对包头项目，分别采用多晶硅组件 TMS230-P05 和非晶硅组件 QS90U，利用 PVsyst 软件计算得到年温度损失分别为 1.0% 和 1.3%。

2）对广州项目，分别采用多晶硅组件 TMS230-P05 和非晶硅组件 QS90U，利用 PVsyst 软件计算得到年温度损失分别为 8.9% 和 5.9%。

6.2.5 组件实际功率与标称功率偏差

组件的实际功率与标称功率存在一定的偏差。对于 60 片装组件，厂家承诺的偏差一般在 ±3% 之内，也有厂家承诺偏差在 0～3% 之间；对于 72 片装组件，厂家承诺的偏差一般在 −5～5W，也有厂家承诺偏差在 0～5W。这个功率偏差影响可根据厂家承诺的实际功率偏差值设定。

6.2.6 组件不匹配损失

不匹配损失主要是由于组件开路电压、短路电流的差异以及组串到逆变器之间的压降不同造成的。

组件开路电压、短路电流的差异带来的不匹配损失可用 PVsyst 软件中 electrical behavior of PV arrays 来估算 STC 条件下的不匹配损失，举例说明如下。

某个 500kW 级光伏发电单元由 102 个组串并联而成，每个组串由 20 块 245W 多晶体硅组件串联而成。在签订技术协议时，要求组件供应商对所供组件按电流进行分档，分档精度 0.1A，可保证这个光伏发电单元的各个组件的短路电流与平均值的误差分布在 ±0.6% 之内；同时要求组件供应商提供的组件的功率偏差在 0～3% 之间，从而可以保证这个光伏发电单元的各个组件的开路电压与平均值得误差分布在 ±3% 之内。利用 electrical behavior of PV arrays 来估算不匹配损失，不超过 0.5%。

因此组件出厂时根据电流进行分档，并分类包装、标志，在现场安装时尽可能将电流相近的组件安装在一个组串里，可以有效降低该损失。

PVsyst 软件目前不能计算由于组串到逆变器之间压降不同造成的不匹配损失，读者可根据具体项目情况自行计算。

6.2.7 直流汇集电缆损失

直流汇集电缆损失主要包括组件与组件之间电缆线损及组串至汇流箱、汇流箱至逆变器之间的电缆的线损。可根据组件的布置和接线计算出 STC 条件下的线损，然后输入 PVsyst 软件，计算出在实际工况下的线损。

在我国的北纬 40°附近地区，对于 1MW 级的光伏发电单元，在 STC 条件下，组件与组件之间电缆线损及组串至汇流箱、汇流箱至逆变器之间的电缆的线损之和一般在 1.5% 左右。

6.2.8 逆变器损失

逆变器损失主要包括逆变器逆变损失、超功率损失、输入电压超出最大允许电压损失、输入电压低于最低允许电压损失。在 PVsyst 软件中，可以从逆变器模型库中选择项目采用的逆变器，仿真完成后的计算结果会列出该项目上述逆变器相关的损失。目前，大型集中型逆变器的欧洲效率一般在 98%～98.5%，对应的年平均损耗大约在2%（目前国内存在某些厂家逆变器的实际效率与标称效率有一定差距的情况，这会导致逆变器的实际年平均损耗达到3%～4%）。

1）逆变损失。逆变器在将直流电转换为交流电的过程中的损失，主要是逆变器中电力电子器件的热损失和辅助系统耗电。

2）超功率损失。由于逆变器的最大出力是确定的，当逆变器试图输出超出最大出力时，被自动限制成按最大出力输出，从而造成超功率损失。

3）输入电压超出最大允许电压损失。逆变器的直流输入侧允许的电压是有范围的，当输入电压过高时逆变器自动将直流输入回路断开，从而造成该项损失的发生。

4）输入电压低于最低允许电压损失。当输入电压过低时逆变器无法工作，从而造成该项损失的发生。

6.2.9 逆变器出口至并网点损失

逆变器出口至并网点损失主要包括逆变器出口至并网点之间的单元升压变压器损耗、35kV/10kV集电线路损失和主变压器损失等。

6.2.9.1 逆变器出口至升压变压器损耗

若采用普通的S11变压器，逆变器出口至升压变压器损耗约为2%～2.5%。

以格尔木地区为例，1MW光伏发电单元配有1台1000kV·A箱式变压器（型号S11-M-1000kV·A/10kV，10.5±2×2.5%/0.27kV/0.27kV），该变压器负载损耗13.8kW、空载损耗1.84kW。经计算，全年空载损耗（包括夜间空载）约16 118kW·h、负载损耗约17 025kW·h，总计33 143kW·h，约占发电量2.1%。

6.2.9.2 场区高压汇集电缆损失

场区高压汇集电缆损失与汇集电压等级有关，根据工程经验，北纬40°附近区域采用35kV汇集电缆时一般损耗在0.3%左右；采用10kV汇集电缆时损耗在0.8%左右。

6.2.9.3 主变压器损失

主变压器造成的发电量损失约1%。

综上所述，在一级升压的情况下，对于北纬40°附近区域，逆变器出口至并网点的损失设定在2.5%～3%比较合适。如果设有升压站，设定在3.5%～4%比较合适。

6.2.10 污秽损失

污秽损失是指由于组件表面上存在污秽造成的发电量损失，这与当地的环境及运行管理水平有关。

文献［33］在2006年通过对美国50个大型光伏并网电站的研究，得出了如下结论：不同地区污秽对发电量的影响在2%～6%（在无人工清洗的前提下），见图6-4。

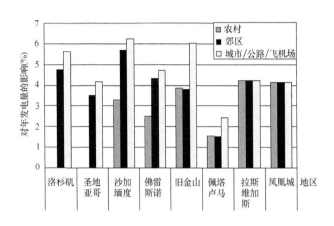

图6-4　美国不同地区污秽对年发电量的影响（在无人工清洗的条件下）

从图6-4可以看出，在无人工清洗的情况下，同一地区城市、郊外和农村污秽对发电量的影响依次减小，在城市、高速公路等灰尘较多的地方，污秽对发电量的年影响有6%左右。在无人工清洗的情况下，加州北部的佩塔卢马（Petaluma）由于环境良好、降水丰沛，该地区城市中污秽发电量的年损失仅2.3%左右，郊区和农村仅1.5%左右。国内的环境较美国有差距，光伏电站均考虑定期清洗。旱季每1～2月冲洗一次，在沙尘天气过后及时冲洗，污秽对发电量的影响可以在上述基础上得到大幅的降低。

光伏组件清洗最好先用水冲洗，然后再擦，随后再用水冲洗。擦洗用布应选择柔软的布，防止损伤光伏组件表面。

总的来说，污秽对年发电量的影响与运营中的组件清洗频率有关。而清洗的频率要根据当地的组件清洗价格、灰尘累计速度和上网电价等条件经过经济比选来确定。

清洗时机的选择要结合灰尘积累情况确定。光伏电站组件灰尘积累可以通过光伏组件清洗试验来确定，通常在试验清洗光伏组件前后，电流增加5%即说明灰尘积累较多需要清洗。如果按这样的冲洗频次，并且灰尘累计按线性考虑，全年由于污秽损失的发电量约3%。清洗时机的选择还要结合天气预报，避免刚刚清洗完成就遭遇大雨或沙尘暴的情况。

6.2.11 光谱响应损失

图 6-5 是晶体硅、单结非晶硅、双结非晶硅和三结非晶硅对应不同光谱分布条件（用 AM 表示）下的相对响应能力。从图中可以看出：非晶硅组件在大气质量较小（对应中午太阳高度角较小时）的光谱响应较强（意味着发电量增大），而在 AM 较大（对应早晨或傍晚太阳能高度角较大时）的光谱响应较弱（意味着发电量减少）。这是因为非晶硅对波长大于 900nm 的光线不能吸收转换为电能，而 AM 较大时太阳光穿越大气层的路径较长，到达光伏组件的光线中长波长的光线较多，因此此时非晶硅的光谱响应较差。

从图 6-5 还可以看出，晶硅对长波长的光线响应能力较强，当 AM 大于 1.5 时其光谱响应能力反而大于 $AM=1.5$ 时。

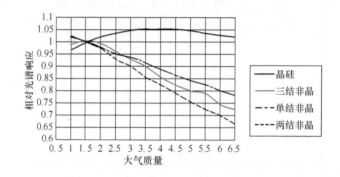

图 6-5　光伏电池光谱响应对比

由于光伏电站所处的纬度不同，相应的接收到的辐射中 AM 小于 1.5 的比例也不同。如在高纬度地区，接收到的总辐射中 AM 大于 1.5 的部分明显要高于低纬度地区。

（1）对于包头项目（固定式支架）利用 PVsyst 软件计算，当采用非晶硅组件时，光谱响应损失为 0.5%；

（2）对于广州项目，利用 PVsyst 软件计算，当采用非晶硅组件时，光伏响应损失为 -1.4%，即非晶硅的光谱响应特性在该地区使得发电量提升 1.4%。

分析：包头地区的纬度较高，接收到的辐射中 AM 大于 1.5 的比例较大，不利于非晶硅组件对光的吸收；广州地区纬度较低，接收到的辐射中 AM 大于 1.5 的比例较小，利于非晶硅组件对光的吸收。

6.2.12 系统不可利用率

系统不可利用率主要受设备的可靠性和系统设计的影响。逆变器、汇流箱、电缆接头和跟踪支架等设备的可靠性都是影响系统不可利用率的重要因素。该系数的取值要根据实际运行经验取值，一般不可利用率可选为 $1\%\sim2\%$。

6.3 光伏组件输出功率衰减

6.3.1 晶体硅光伏组件输出功率衰减

晶体硅光伏组件输出功率的衰减可分为两个阶段。

第一阶段，称为初始光致衰减，即光伏组件的输出功率在刚开始使用的最初的几天内发生 $0.5\%\sim3\%$ 的下降，但随后趋于稳定。导致这一现象发生的主要原因是 p 型（掺硼）晶体硅片中的硼氧复合体降低了少子寿命。

第二阶段，称为组件的老化衰减，即在长期使用中出现的极缓慢的功率下降，产生的主要原因与电池缓慢衰减有关，也与封装材料的性能退化有关。

晶硅组件厂家一般均提供 25 年功率质保。一般承诺第 10 年末功率不低于初始值的 90%，第 25 年末不低于初始值的 80%。某些厂家可以提供线性衰减质保，即：对于单晶硅组件，一般保证第 1 年衰减不超过 3.5%，之后 24 年每年衰减不超过 0.68%；对于多晶硅组件，一般保证第 1 年衰减不超过 2.5%，之后 24 年每年衰减不超过 0.7%。

6.3.2 非晶硅输出功率衰减

与晶体硅相似，非晶硅输出功率衰减也可以分为两个阶段。

第一阶段：初始光致衰减阶段。非晶硅组件在最初使用的半年时间内，光电转换效率会大幅下降，最终稳定在初始转换效率的 $70\%\sim85\%$。非晶硅组件的上述现象被称为 Staebler-Wronski 效应，一般认为是由于非晶态是一种亚稳态结构，晶体结构是长程无序状态，Si-Si 共价键处于较高能量状态，原子结构稳定性差；在受到光能量辐射后，容易造成部分 Si-Si 共价键的断裂，使膜层产生更多缺陷。非晶硅电池在强光下照射数百小时，电性能下降并逐渐趋于稳定，下降幅度在 $15\%\sim30\%$。

由于初始光致衰减的幅度太大，因此非晶硅组件的标签功率为预测的光老化 1000h（约半年）后的稳定功率，而不是出厂功率。

第二阶段：老化衰减。即在长期使用中出现的极缓慢的功率下降，产生的主要原因与电池缓慢衰减有关，也与封装材料的性能退化有关。

非晶硅组件厂家给出的功率质保承诺一般与晶体硅组件相同。即一般承诺第 10 年末功率不低于组件标签值的 90%，第 25 年末不低于组件标签值的 80%。

6.4 光伏电站系统效率分析

6.4.1 光伏电站系统效率发展回顾

世界范围内光伏电站系统效率在 20 世纪 80 年代末期一般在 50%~75% 之间；90 年代一般在 70%~80% 之间；2000 年以后一般大于 80%。

图 6-6 是部分光伏电站（安装时间分别为 1994 年、1997 年和 2010 年）的系统效率统计情况。从图中可以看出：即使是同一年安装的电站，其系统效率的差异也很大；如 1994 年安装的电站，其系统效率最低小于 50%，最高大于 80%；2010 年安装的电站，其系统效率最低小于 70%，最高则接近 90%。

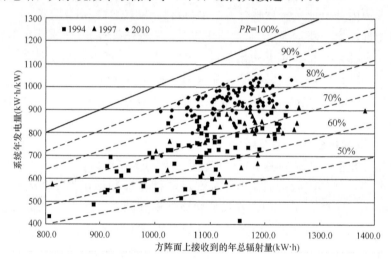

图 6-6　部分光伏电站系统效率及发电量统计

6.4.2 提高光伏电站系统效率的措施

结合光伏电站能量转换、传输过程中损失因素的分析，提高光伏电站系统效率的措施见表 6-3。

表 6-3　　　　　　　　　　　提高光伏电站系统效率的措施

序号	因素	措　　　施
1	阴影遮挡	减小倾角、增大间距、优化组件布置和组串连接
2	相对透射率	选择相对透射率高的光伏组件，采用跟踪支架
3	污秽	定期清洗
4	光谱响应	根据光谱分布选择合适的组件类型

序号	因素	措　　施
5	弱光损失	选择弱光性好的光伏组件
6	温度损失	在温度较高的地区选择峰值功率温度系数绝对值较小的组件，在温度较低的地区选择峰值功率温度系数绝对值较大的组件
7	组件实际功率与标称功率偏差	选择正偏差的光伏组件
8	组件不匹配损失	提高组件电流分挡精度，同一组串所用组件选择同一挡的，同一逆变器的组件尽可能一挡
9	汇集电缆损失	优化电缆敷设路径、增大电缆截面
10	逆变器损失	选择高效率逆变器，优化组串与逆变器的匹配
11	逆变器出口至并网点损失	选择高效变压器、提高汇集电压等级、优化电缆敷设路径、增大电缆截面
12	可利用率	选择高可靠性设备，优化系统设计

6.4.3　光伏电缆系统效率相关问题分析

（1）每个月的电站平均系统效率是否相同？

每个月的电站平均系统效率是不同的，因为每个月的各项损失特别是温度损失和遮挡损失有明显的差异。不只是每个月的不同，每时每刻系统效率也是不同的，见图 6-7。通常如果不做特殊限定，所指的系统效率一般是年平均系统效率。

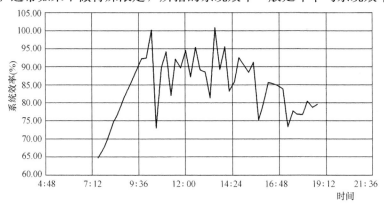

图 6-7　某 24MW 光伏电站一天的系统效率变化

（2）系统效率是不是越高越好？

系统效率在一定程度上反映了设备和系统的性能，但不一定越高越好。举例说明：①包头达茂旗地区某项目采用固定式支架、倾角 37°，间距按冬至日上午九点至下午三点前排对后排不遮挡确定，经计算这种情况下阴影遮挡损失约 3.7%，直流汇集电缆损失约 1.1%。若将倾角变为 0°，则前后排间距可缩小至 0，则阴影遮挡损失为 0，直流汇集电缆损失也大幅降低，预计系统效率将提高 4%左右。虽然系统效率提高了，但是系统的发电量却大幅降低，经济效益下降。②增大电缆截面积、采用非晶合金变压器等均可以提高系统效率，但是同时也增加了系统造价，要综合考虑后才能确定。

（3）系统效率是否可能超过 90%？

图 6-6 中所列的部分光伏电站的系统效率已经非常接近 90%。根据上面的分析，如果单纯追求高的系统效率，根据现有的技术水平超过 90%已经不成问题。但在实际应用中，还需要考虑经济性的问题。仍然以包头项目（固定式支架）为例，进行计算分析。

计算前提条件：逆变器均按阳光 SG500KTL 计算，均按 1MW 光伏交流发电单元计算，多晶硅交流发电单元线损按 STC 条件下 1.5%控制，组件实际峰值功率与标称的功率按－0.8%计算，组件不匹配及 MPPT 跟踪精度损失均按 0.5%计算，每年的污秽损失按 2%考虑，逆变器出口至并网点损失按 3.3%考虑（两级升压）。计算结果见表 6-4。

表 6-4　　　　　　　　　　　包头项目多晶硅光伏发电系统效率

阴影遮挡损失	3.70%	组件不匹配损失	0.50%
相对透射率损失	2.60%	汇集电缆损失	1.00%
弱光损失	0.50%	逆变器损失	2.00%
温度损失	1.00%	逆变器出口至并网点	3.30%
污秽损失	2.00%	系统可利用率	99%
组件实际功率与标称之差损失	－0.80%	系统效率	84.3%

根据表 6-4，该项目的系统效率为 84.3%。在保持间距不变的前提下，通过适当降低倾角至 32°，可使得阴影遮挡损失降低到 2.9%左右；如果系统的可利用率达到接近 100%，并且将污秽损失降低到 1%、将逆变器的效率提高 0.5%、将组件的不匹配损失控制在 0.2%，并且该系统直接 380V 并网（少了两级变压器损失 3%）则该项目的系统效率可以超过 90%。

第7章 光伏方阵场电气设计

7.1 中压汇集电缆经济截面积研究

单个光伏发电单元容量一般 $1 \sim 2MW$，需要通过中压（一般 10kV/35kV）电缆汇集至开闭站或升压站。根据 GB 50217—2007《电力工程电缆设计规范》，光伏方阵场汇集中压电缆的截面积选取也应符合以下三个条件：

（1）电缆的持续工作电流不高于电缆允许的载流量；

（2）电缆截面积不小于短路热稳定要求的最小截面积；

（3）尚需按照经济电流截面积选择电缆截面积。

《电力工程电缆设计规范》附录 B 提供了电力电缆经济截面积选择的方法，但由于光伏发电的特殊性，这一方法不能直接应用于中压汇集电缆截面积选取。实际上，随着计算机技术的应用越来越广泛，且电缆截面积优化的边界条件的变化很快，采用该规范附录 B 中的公式或查表的方式来计算电缆的经济截面积已经不能适应时代的要求。本书推荐采用差额净现值法来计算电缆的经济截面积。

在比较电缆截面时，需要计算电缆的损耗，由于电缆介质损耗由于相对较小，计算线损时仅考虑电阻损耗。根据《电力工程电缆设计规范》，电缆电阻由式（7-1）得到，即

$$R = \rho_{20}BK_1L/S = \rho_{20}B[1 + \alpha_{20}(\theta_m - 20)]L/S \tag{7-1}$$

式中：ρ_{20} 为 20℃时电缆导体的电阻率，铜芯为 $0.018\,4\Omega \cdot mm^2/m$；$B$ 为导体损耗系数，可取平均值 $1.001\,4$，无量纲；α_{20} 为 20℃时电缆导体的电阻温度系数，铜芯时为 $0.003\,93/℃$；θ_m 为导体工作平均温度，为经验数值，可取 40℃；S 为导体的截面积，mm^2；L 为导体的长度，m。

在计算损耗时，还需要求得流过中压电缆的电流。由于光伏发电的特殊性，流过中压电缆的电流是变化的，可以由 PVsyst 软件模拟得出每小时的平均电流，从而分别计算该段电缆在一年内每小时的损耗，相加后得到年损耗。

下面以北京和格尔木地区的某项目为例，对 35kV 电缆经济截面积的计算方法

和过程进行说明。

项目基本情况：采用固定式支架，倾角为35°。采用一回35kV集电线路汇集1～10号光伏发电单元，每个光伏发电单元容量为1MW。电缆为直埋敷设，电缆载流量均按25℃在土壤中敷设，并乘以综合校正系数0.75考虑。由于采用串接的方式，每段电缆汇集的光伏发电单元数量不同，相应区段的电缆截面积也可能不同。这里分别针对北京和格尔木地区，计算汇集10个光伏发电单元时的电缆的经济截面积。电缆（ZC-YJV22 26/35kV，三芯）价格：3×95按321.1元/m，3×120按373.4元/m，3×150按425.0元/m。该段电缆在热稳定条件下允许的最小截面积均为50mm²。

7.1.1 北京地区算例

计算汇集10个发电单元的中压电缆经济截面积的计算过程如下：

（1）首先计算在额定出力条件下，每个光伏发电单元的额定电流为16.5A。10个光伏发电单元总的额定电流分别为165A。10个光伏发电单元载流量对应的电缆最小截面积为70mm²。

（2）根据《电力工程电缆设计规范》附录E计算热稳定条件下允许的最小截面积，这里假设为50mm²。

这样对于汇集10个光伏发电单元的电缆，方案0按满足载流量的最小截面积要求即70mm²选择，方案1按95mm²、方案1按120mm²、方案2按150mm²。

（3）计算不同方案下单位长度电缆的年损耗。

（4）以方案0为基准，计算（方案1-方案0）、（方案2-方案0）、（方案3-方案0）的差额净现值。

计算结果：

不同电缆截面下电缆的价格、损耗及差额净现值计算结果见表7-1、表7-2。可以看出，对于北京地区，当汇集10个1MW光伏发电单元时，方案0即为最优方案，最优经济截面积选为70mm²。

表7-1 不同电缆截面的电缆价格和损耗（北京地区、固定式，汇集10个单元）

指　　标	方案0 70mm²	方案1 95mm²	方案2 120mm²	方案3 150mm²
价格（元/m）	258.40	321.10	373.40	425.00
电阻（mΩ/m）	0.26	0.19	0.15	0.12
损耗[kW·h/（年·m）]	16.46	12.13	9.60	7.68

表7-2 不同电缆截面的差额净现值计算结果（北京地区、固定式，汇集10个单元）

指　标	方案0	方案1－方案0	方案2－方案0	方案3－方案0
ΔC（元/m）	—	62.70	115.00	166.60
ΔQ（元/m/年）	—	3.52	5.57	7.13
ΔNPV［元/（m·年）］	—	－28.18	－60.34	－96.63

7.1.2 算例——格尔木地区

格尔木地区算例的计算方法和过程与北京地区算例相似。

不同电缆截面积下电缆的价格、损耗及差额净现值计算结果见表7-3、表7-4。可以看出，对于格尔木地区，当汇集10个1MW光伏发电单元时，方案0即为最优方案，最优经济截面积为70mm²。

表7-3 不同电缆截面的电缆价格和损耗（格尔木地区、固定式，汇集10个单元）

指　　标	方案0 70mm²	方案1 95mm²	方案2 120mm²	方案3 150mm²
价格（元/m）	258.40	321.10	373.40	425.00
电阻（mΩ/m）	0.26	0.19	0.15	0.12
损耗（kW·h/年）	28.66	21.12	16.72	13.37

表7-4 不同电缆截面的差额净现值计算结果（格尔木地区、固定式，汇集10个单元）

指　标	方案0	方案1－方案0	方案2－方案0	方案3－方案0
ΔC（元/m）	—	62.70	115.00	166.60
ΔQ（元/m/年）	—	5.80	9.18	11.76
ΔNPV［元/（m·年）］	—	－5.75	－24.82	－51.17

算例分析：

一般来说，电站所在地区的太阳能资源越好，中压汇集电缆的经济截面积会越大，宜根据具体情况进行计算。当项目所在地的太阳能资源条件与上述算例较为接近时，也可以参考上述计算结果。

7.2 光伏方阵场交流汇集电压等级选取

由于光伏电站自身的特殊性，一般集电线路采用电缆直埋，电压等级可选择10kV或35kV。一般来讲选择10kV电压等级集电线路可以在光伏逆变单元、10kV配电装置、无功补偿装置方面比选择35kV电压等级集电线路时造价低。但是，大型光伏电站规模的增大导致集电线路长度的增加，采用 35kV 电压等级的集电线路由于集电电流较小可以采用更小的电缆截面积，在电缆投资方面会小于采用 10kV 集电线路。此外，在损耗方面，35kV 集电线路远小于 10kV 集电线路。所以，有必要对大型光伏电站集电线路电压等级进行比较选择。比较的方法可采用差额净现值法。

集电线路采用 10kV 还是 35kV 对投资的影响主要体现在以下方面：

1）逆变升压单元中的变压器、开关柜；

2）汇集电缆；

3）升压站中开关柜、主变压器；

4）无功补偿装置。

集电线路采用 10kV 还是 35kV 对发电量的影响主要体现在以下方面：

1）变压器损耗，包括就地升压和主变压器两级。根据计算，对这两种集电线路电压等级，总的变压器损耗相差不大。

2）电缆损耗。

分别计算出采用 10kV 和 35kV 汇集电压等级的系统造价和发电量之后，可采用差额净现值法对方案进行比选。下面以北京某项目为例，说明比选的方法和过程。

7.2.1 基本情况

该光伏电站位于北京市，装机容量 31.08MW，由 30 个光伏发电单元构成。光伏电站配套建设升压站 1 座，以 1 回 110kV 线路接入电力系统。

当采用 10kV 电压等级时，共由 6 回 10kV 电缆集电线路汇集，每回汇集 5 个光伏发电单元；1～4 号光伏方阵逆变单元采用 ZR-YJV22-3×95mm² 电缆；4～5 号光伏方阵逆变单元采用 ZR-YJV22-3×120mm² 电缆；5 号光伏方阵逆变单元至升压站采用 ZR-YJV22-3×180mm² 电缆。

当采用 35kV 电压等级时，共由 3 回 35kV 电缆集电线路汇集，每回汇集 10 个光伏发电单元；1～5 号光伏方阵逆变单元采用 ZR-YJV22-3×50mm² 电缆；6～8 号光伏方阵逆变单元采用 ZR-YJV22-3×70mm² 电缆；9～10 号光伏方阵逆变单元以及 10 号至升压站采用 ZR-YJV22-3×95mm² 电缆。

7.2.2 线损

电缆线损采用分段计算的方法，首先利用 PVsyst 软件模拟流过该段电缆的全年每小时的电流、根据电缆的长度和截面积计算电缆的电阻，最后计算该段电缆的年损耗。各段电缆的线损相加就可以得到总的线损。经计算，采用 10kV 电压等级时，每年的线损为 16.6 万 kW·h；采用 35kV 电压等级时，每年的线损为 4.8 万

kW·h。

7.2.3 造价

经计算，采用 10kV 电压等级时，3×95mm² 电缆共 3.96km、3×120mm² 电缆共 2.45km、3×185mm² 电缆共 6.50km，电缆造价共 428.8 万元，具体见表7-5。

表 7-5　　　　　　　　10kV 电压等级集电线路电缆长度及造价

截面积	3×95mm²	3×120mm²	3×185mm²
长度（km）	3.96	2.45	6.50
单价（元/m）	233.9	291.8	407.2
小计（万元）	92.6	71.5	264.7
总计（万元）	428.8		

采用 35kV 电压等级时，3×50mm² 电缆共 3.58km、3×70mm² 电缆共 1.85km、3×95mm² 电缆共 3.44km，电缆造价共 253.4 万元，具体见表7-6。

表 7-6　　　　　　　　35kV 电压等级集电线路电缆长度及造价

截面积	3×50mm²	3×70mm²	3×95mm²
长度（km）	3.58	1.85	3.44
单价（元/m）	215.5	258.4	373.4
小计（万元）	77.1	47.8	128.4
总计（万元）	253.4		

其他影响造价的项及汇总见表7-7。

表 7-7　　　　　　　　两种电压等级造价比较　　　　　　　　万元

序号	设备名称	方案一（270V-10kV-110kV）				方案二（270V-35kV-110kV）			
		规格	数量	单价	总价	规格	数量	单价	总价
1	箱式升压变	10kV 箱式变（0.27/0.27/10kV 1MV·A）	30 台	35	1050	35kV 箱式变（0.27/0.27/35kV 1MV·A）	30 台	40	1200
2	高压开关柜	10kV 断路器柜（真空）	11 台	12	132	35kV 断路器柜（真空）	8 台	22	176
		10kV PT 柜	1 台	7	7	35kV PT 柜	1 台	12	12
3	无功补偿装置	10kV SVG 型 8000kvar	1 套	140	140	35kV，SVG 型 8000kvar	1 套	168	168

序号	设备名称	方案一 （270V-10kV-110kV）				方案二 （270V-35kV-110kV）			
		规格	数量	单价	总价	规格	数量	单价	总价
4	电力电缆	YJV22-10kV			428.8	YJV22-35kV			253.4
5	主变压器	31.5MV·A 110/10kV	1台	240	240	31.5MV·A 110/35kV	1台	200	200
合计					1997.8				2009.4

综上所述，采用两种电压等级的造价相差很小，但采用 35kV 电压等级时损耗有明显的减小。因此，对于本算例，推荐采用 35kV 作为汇集电缆的电压等级。

7.3 单个光伏发电单元容量选取

光伏发电单元的容量一般可选为 1、1.25MW 或 2MW。不同的发电单元容量对应着不同的单位千瓦投资和单位千瓦发电量。

由于光伏发电单元容量选取的不同，进而影响投资的因素有：

1）电缆长度，光伏发电单元容量越大，则汇流箱至逆变器的直流电缆总长度与光伏发电单元容量之比越大。

2）逆变升压单元，主要影响逆变器室或逆变升压室的数量和造价。

3）占地，光伏发电单元容量的增大，有利于整个光伏电站减少占地，但减少的比例很小。

影响发电量的因素有：

1）电缆损耗，主要是直流电缆的损耗不同。

2）不匹配损失，主要是由于直流电缆压降不同造成组串偏离最大功率点而造成的损失。

在分析投资变化和发电量变化的基础上，综合比较确定方案。下面举例说明光伏发电单元比选的过程。

7.3.1 基本情况

项目处于青海锡铁山，采用固定式支架、倾角 37°，组件为多晶硅、单块组件容量 235W。光伏发电单元按 1MW 和 2MW 级两种形式进行比较，其平面布置图分别见图 7-1 和图 7-2。这两种方案，逆变器和直流柜均布置在逆变器室内，单元升压变压器及开关柜等布置在箱式变压器内。

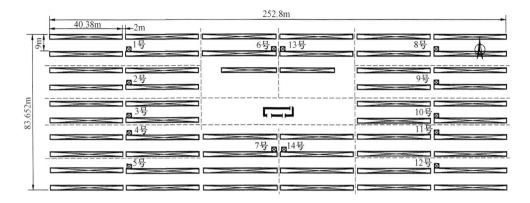

图 7-1　锡铁山 1MW 光伏发电单元平面布置图

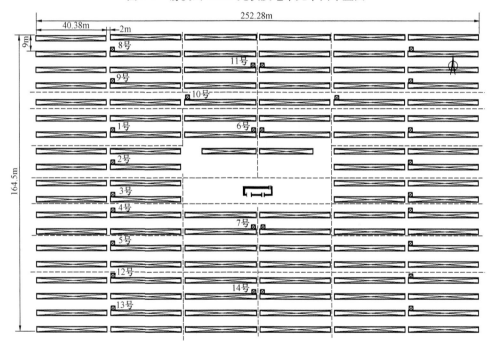

图 7-2　锡铁山 2MW 光伏发电单元平面布置图

7.3.2　对投资的影响

（1）直流电缆长度。两种方案的直流电缆长度及造价见表 7-8。

（2）逆变升压单元。对于 1MW 单元，逆变器室面积为 45m²，按 2000 元/m² 计算，共 9 万元。

对于 2MW 单元，逆变器室面积为 80m²，按 2000 元/m² 计算，共 16 万元。

　　　　　　　　　　　　　　　两种方案的直流电缆造价

指　标	1MW 单元		2MW 单元	
截面积	$1×4mm^2$	$2×70mm^2$	$1×4mm^2$	$2×70mm^2$
单价（元/m）	9	90	9	90
长度（km）	11.26	1.32	23.83	3.28
总价（万元）	10.12	11.88	21.48	29.52
合计（万元）	22.0		51.0	

7.3.3　对发电量的影响

经计算，在 STC 条件下：对于 1MW 单元，不匹配损失约为 0.07%，线损约为 1.6%；对于 2MW 单元，不匹配损失约为 0.08%，线损约为 1.8%。

利用 PVsyst 软件计算，在综合工况下，对于 1MW 单元，不匹配损失和线损综合约 1.2%；对于 2MW 单元，不匹配损失和线损综合约 1.3%。

该项目第一年年等效利用小时约 1780h，对于 1MW 单元，每年损失电量约 2.14 万 kW·h；对于 2MW 单元，每年损失电量约 4.63kW·h。

7.3.4　综合比较

以 2 个 1MW 单元作为方案 0，以 1 个 2MW 单元作为方案 1，则两者的投资及发电量损失见表 7-9。

表 7-9　　　　　　　　　　　　　　两种方案的投资及发电量损失

指　　标	方案 0 （2 个 1MW 单元）	方案 1 （1 个 2MW 单元）
电缆造价（万元）	44	51
逆变器室造价（万元）	18	16
线损（kW·h/年）	4.28	4.63

从表 7-9 可以看出，对于该项目，采用 1MW 单元造价要稍低于 2MW 单元，并且线损也稍低于 2MW 单元，推荐采用 1MW 单元。

当然，由于不同纬度、不同地形和不同支架形式使得光伏发电单元的占地有很大的区别，应根据具体的工程情况合理选择光伏发电单元的容量。

7.4　逆变升压单元自用电

逆变升压单元的用电负荷主要包括逆变器、直流柜、测控柜、高低压开关柜的控制电源，逆变器室（逆变升压室）内的照明、采暖和通风负荷等。

由于光伏电站具有占地面积大、分布广，用电可靠性相对较低的特点，综合用电的经济性和可靠性考虑，一般光伏电站逆变升压单元自用电可采用以下两种。

第一种方法，从变电站（开闭站）站用电 10kV 段引接 10kV 电源，根据供电半径，在光伏方阵场区设数台自用电箱式变压器，再通过电缆从自用电箱式变压器引接 380V 电源给各个逆变升压单元供电。同时，通过小型自用变压器从各个逆变升压单元升压变压器低压侧引接 380V 电源作为备用电源。

第二种方法，通过小型自用变压器从各个逆变升压单元升压变压器低压侧引接 380V 电源，利用相邻逆变单元的 380V 电源互为备用，以提高供电的可靠性。

第一种方法可能的优点是从变电站（开闭站）引接的站用电的电价可能低于光伏上网电价，从而节省用电费用；但是，第一种方法的投资明显要高于第二种方法。所以还需要结合具体工程的情况采用差额净现值法比较后确定。

无论采用哪种方式自用电系统的电压推荐采用 380V 电压等级，自用电系统接地方式应采用动力与照明网络共用的中性点直接接地方式，自用电系统容量宜为计算负荷的 1.1 倍，并要考虑备用及检修所需电源容量。

7.5 光伏方阵场防雷和接地设计

一般而言，光伏电站的雷电危害主要有直击雷、雷击感应过电压、地电位反击和静电感应这几种。由于光伏方阵一般比较低，静电感应产生的过电压危害比较小，一般情况下可以忽略。这里主要针对直接雷、雷击感应过电压和地电位反击介绍光伏方阵场的防雷和接地设计。

7.5.1 防直接雷

光伏电站一般占地面积较大，且光伏组件边框和支架均为导电性能良好的金属材料，容易遭受直接雷击破坏。

直接雷防护主要采取避雷针、带、线。但是在光伏电站布置上述装置会对附近光伏方阵造成遮挡从而影响发电量，所以一般不采用。

在实际工程中，一般用光伏组件金属框架或支架作为接闪器。光伏组件金属框架或支架应接地良好，能承受预期雷电流所产生的机械效应和热效应。

7.5.2 防感应雷

感应雷对光伏设备的影响主要有以下两个方面：对光伏组件的影响和对汇流箱及后续设备的影响。

（1）对光伏组件的影响。由于光伏组件离汇流箱较远，因此安装在汇流箱内的防雷器不一定能保护到光伏组件。因此，需要分析在没有防雷器保护的情况下，光伏组件是否能承受感应雷的过电压影响。

文献［29］对雷击光伏组件附近时在光伏组件两端产生的过电压进行了分析。结果表明：由于光伏组件的实际耐受电压水平受串联的晶硅电池和旁路二极管耐压水平限制，一般超过2000V；雷击点距离边框0.5m以上产生的雷击感应电压一般不会对光伏组件产生直接的感应电压损害；而更远处产生的感应电压则随着距离增大而进一步降低，其感应电压影响可以忽略不计。

（2）光伏组串产生的感应过电压。由于雷击产生的过电压与导体闭合形成的面积成正比，因此在电缆敷设时，要尽量使得组串至逆变器的回路面积减小，如图7-3（b）所示，并且尽量利用支架导轨以及穿钢管敷设等形成保护和屏蔽，禁止出现图7-3（a）所示的情形。

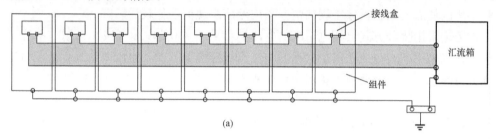

(a)

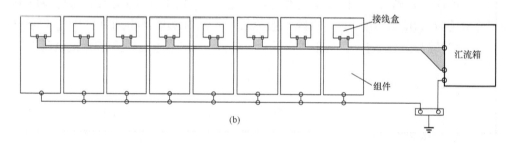

(b)

图 7-3　组串至逆变器的导线形成的回路

(a) 组串至逆变器的导线形成了较大的回路；(b) 组串至逆变器的导线形成了较小的回路

感应雷造成的光伏组串过电压可能对汇流箱内的电气设备造成损害，因此在汇流箱内安装有防雷器以限制正、负极母线对地的过电压。

7.5.3　接地

光伏组件、汇流箱、逆变器、升压变压器等采用共网的接地方式。光伏电站场区设一个总的接地装置，以水平接地体为主，垂直接地体为辅，形成复合接地网。将光伏支架及太阳电池板外边金属框与站内地下接地网可靠相连，接地电阻以满足组件厂家、逆变器厂家要求为准，且不应大于4Ω。

当土壤对钢材无腐蚀或弱腐蚀时，可采用钢质接地材料。当土壤对钢材有中等或强腐蚀时，可以采用铜质接地材料或采取其他防腐措施。

7.6 光伏方阵场监控

7.6.1 计算机监控系统

光伏方阵场计算机监控系统设计原则：

1）光伏场区监控纳入升压变电站计算机监控系统。

2）计算机监控系统光伏场区部分实现光伏场区设备（包括光伏阵列、汇流箱、直流柜、逆变器、升压变等）的控制、保护、测量，以及信号的采集和上传。

7.6.1.1 监控系统网络

光伏场区内每个 1MW 或 2MW 逆变升压单元为一个监控单元，根据光伏场区内各逆变升压单元的分布位置，将全部逆变升压单元划分为若干个区域，每个区域内的监控单元组成环网结构。

现场监控单元环网交换机之间、现场环网交换机与升压变电站二次设备室网络通信柜中环网交换机之间均通过光纤介质连接。

汇流箱一般采用 RS485 通信接口、总线通信方式，通信介质采用屏蔽双绞线（若采用直埋敷设，则需要采用铠装屏蔽双绞线）。屏蔽双绞线的截面积根据总线的长度和连接的设备数量确定，可参考表 7-10。

表 7-10 RS485 通信方式下通信距离、设备数量与通信线规格之间的关系

通信距离（m）	设备数量（台）	通信线规格（mm²）
1～400	1～32	0.5
400～800	1～16	0.5
400～800	17～32	075
800～1200	1～8	0.5
800～1200	9～21	0.75
800～1200	22～32	1.0

RS485 总线不支持环形或星形网络，如果采用如图 7-4 中 a、b、c 的不正确连接方式，尽管在某些情况下（如距离短、速率低、干扰小等）仍然可以正常工作，但随着通信距离的延长或通信速率的提高，其不良影响会越来越严重，甚至发生通信故障，主要原因是信号在各支路末端反射后与原信号叠加，造成信号质量下降。

为此，最好采用终端匹配的总线型结构拓扑结构，用一条单一、连续的信号通

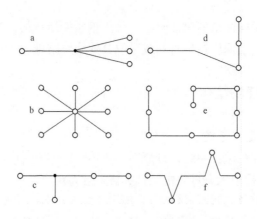

图 7-4　RS485 通信网络拓扑图

道总线将各个节点串接起来，从总线到每个节点的引出线长度应尽量短，以便使引出线中的反射信号对总线信号的影响最低。如图 7-4 中 d、e、f 的连接方式。

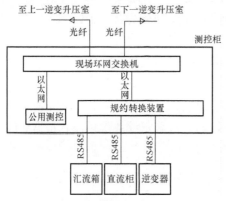

图 7-5　逆变升压单元网络系统图

7.6.1.2　监控系统设备配置

每个逆变升压单元一般配置 1 面测控柜，主要包括现场环网交换机、规约转换装置和公用测控装置等。逆变升压单元的网络系统图见图 7-5。其中，汇流箱智能装置、直流柜智能装置、逆变器智能装置等通过通信线接入规约转换装置；公用测控装置完成对低压断路器柜、高压负荷开关柜和变压器等设备的控制和采集。

7.6.1.3　监控系统功能

（1）规约转换。将汇流箱、直流柜、逆变器等设备的通信规约转换成与变电站监控系统相同的规约。

（2）信息的上传下达。将汇流箱、直流和逆变器等设备的信息上传至变电站监控系统，同时接受变电站监控系统的指令实现对逆变器的控制。

（3）低压开关柜、升压变压器和高压侧负荷开关柜的信息采集和控制。

状态信号包括升压变压器高压侧负荷开关分合闸状态、低压侧断路器分合闸状态、逆变升压单元门位置状态。

报警信号包括升压变压器非电量报警（即温度高报警，若为油浸式变压器，还有压力释放报警和瓦斯报警）以及升压变压器高压侧熔断器熔断报警等。

控制信号包括低压侧断路器的分合控制、高压侧负荷开关的分合控制等。

（4）对时功能，具有接受时钟对时的功能，一般采用网络对时。

（5）对外接口，计算机监控系统光伏场区部分通过光缆与计算机监控系统升压变电站内网络设备进行连接。

7.6.2　元件保护及自动装置

7.6.2.1　逆变器的保护

逆变器保护由逆变器厂家成套配置，主要包括主动式和被动式结合的孤岛保护、直流侧接地故障保护、直流输入极性反接保护、过压和过流保护等。

7.6.2.2　升压变压器保护

升压高压侧采用负荷开关加熔断器保护，作为过载及短路保护；低压侧采用断路器自带保护。

若升压变压器采用油浸式变压器，增设温度、压力释放、瓦斯等本体非电量保护，保护动作于低压侧断路器和高压侧断路器（若有）。

第8章　光伏方阵结构设计

8.1　光伏支架结构设计

8.1.1　光伏支架结构设计基本原则

光伏支架应结合工程实际选用材料、设计结构方案和构造措施，保证支架结构在运输、安装和使用过程中满足强度、稳定性和刚度要求，并符合抗风、抗震和防腐要求。

光伏支架宜采用钢材，材质的选用和支架设计应符合 GB 50017《钢结构设计规范》的规定。光伏支架也可采用其他材料（如铝合金等），当采用除钢材以外的材料时，支架设计应满足相应材料相关标准的规定。在众多光伏发电站中，Q235B钢是最常用的光伏支架材料。但是，在严寒地区（如东北、华北、西北部分地区），Q235B钢往往不能满足低温力学性能要求。如《钢结构设计规范》中规定：对于需要验算疲劳的焊接结构的钢材，应具有常温冲击韧性的合格保证。当结构工作温度不高于0℃但高于−20℃时，Q235钢应具有0℃冲击韧性的合格保证，即应采用Q235C钢；当结构工作温度不高于−20℃时，Q235钢应具有−20℃冲击韧性的合格保证，即应采用Q235D钢。事实上，光伏支架厂家为了降低成本，业主为了加快施工进度（Q235C、Q235D需要预订之后工厂才会生产，生产过程将会耗费一定时间），往往会忽略低温情况下的冲击韧性要求，直接采用Q235B钢，将给光伏支架结构安全留下隐患。

支架应按承载能力极限状态计算结构和构件的强度、稳定性以及连接强度，按正常使用极限状态计算结构和构件的变形。

按承载能力极限状态设计结构构件时，应采用荷载效应的基本组合或偶然组合。荷载效应的设计值应按式（8-1）验算，即

$$\gamma_0 S \leqslant R \tag{8-1}$$

式中：γ_0 为重要性系数。光伏支架的设计使用年限宜为25年，安全等级为三级，重要性系数不小于0.95；在抗震设计中，不考虑重要性系数。S 为荷载效应组合的设计值。R 为结构构件承载力的设计值。在抗震设计时，式（8-1）右端项应除以承

载力抗震调整系数 γ_{RE}，γ_{RE} 按照 GB 50191《构筑物抗震设计规范》的规定进行取值。

对于一般光伏支架而言，其设计使用年限为 25 年，安全等级为三级。对于特殊光伏组件支架，设计使用年限和重要性系数要另行确定。当支架设计使用年限大于 25 年时，应按《钢结构设计规范》进行设计。

按正常使用极限状态设计结构构件时，结构构件应按荷载效应的标准组合，采用极限状态设计表达式，即

$$S \leqslant C \tag{8-2}$$

式中：S 为荷载效应组合的设计值；C 为结构构件达到正常使用要求所规定的变形限值。

一般地，在抗震设防地区，光伏支架应进行抗震验算。对于光伏支架而言，通常风荷载是控制荷载，地震作用往往不起控制作用。众多工程表明，对于地面用光伏组件的支架，当设防烈度小于Ⅷ度时，可以不进行抗震验算；对于与建筑结合的光伏组件的支架，应按相应的设防烈度进行抗震验算。

8.1.1.1 光伏支架变形要求

光伏支架及构件的变形应满足下列要求：

1) 风荷载标准值或地震作用下，支架的柱顶位移不应大于柱高的 1/60；

2) 受弯构件的挠度不应超过表 8-1 的容许值。

表 8-1   受弯构件的挠度容许值

受 弯 构 件		挠度容许值
主梁		$L/250$
次梁	无边框光伏组件	$L/250$
	其他	$L/200$

注 L 为受弯构件的跨度。对悬臂梁，L 为悬伸长度的 2 倍。

与《钢结构设计规范》附录 A 相比，表 8-1 所列受弯构件的挠度容许值较为宽松。然而，实践表明，若光伏支架主梁、次梁挠度偏大，光伏组件的安装将变得十分困难，并将大幅度降低整个工程的美观程度。为此，工程师在设计过程中，可根据结构正常使用的需要适当降低受弯构件的挠度容许值。

8.1.1.2 光伏支架构造要求

支架的构造应符合下列规定：

1) 用于次梁檩条的板厚不宜小于 1.5mm，用于主梁和立柱的板厚不宜小于 2.5mm，当有可靠依据时板厚可用 2mm。

光伏支架结构多采用薄壁型钢，其厚度多在 2.5mm 左右。由于支架结构壁厚很薄，对制造误差的要求就显得格外重要。一般地，可要求光伏支架厂家供货只能出现正误差，不能出现负误差。如果无法实现，只有留出足够的结构壁厚裕量，以消除负误差的不利影响。

2）受拉和受压构件的长细比应满足表 8-2 的规定。

表 8-2   受压和受拉构件的长细比限值

构 件 类 别		容许长细比
受压构件	主要承重构件	180
	其他构件、支撑等	220
受拉构件	主要构件	350
	柱间支撑	300
	其他支撑	400

注 对承受静荷载的结构，可仅计算受拉构件在竖向平面内的长细比。

8.1.1.3　光伏支架防腐要求

光伏支架的防腐应符合下列要求：

1）支架在构造上应便于检查和清刷。光伏支架主梁、檩条、立柱多采用 C 形钢，除了连接较为方便之外，另一个重要原因就是支架腐蚀之后容易检查与及时处理。相比较而言，钢管（方钢管、圆钢管）内部腐蚀具有一定的隐蔽性，一旦腐蚀不容易发现，容易错过最佳处理时机，即便发现了也难以处理。

2）钢支架防腐宜采用热浸镀锌，镀锌层厚度最小值各规范要求各异：依据 GB/T 13912《金属覆盖层　钢铁制件热浸镀锌层技术要求及试验方法》，镀锌层厚度不应小于 65 μm；根据 GB 50046—2008《工业建筑防腐蚀设计规范》第 5.2.3 条，采用热浸镀锌时，镀锌层厚度不宜小于 85 μm。考虑到钢结构较容易腐蚀，且光伏支架均处于露天环境，镀锌层厚度下限值取 85 μm 更为稳妥。但是，镀锌层并非越厚越好，镀锌层过厚将导致镀锌工艺难以实现、镀锌层容易脱落等一系列问题。

对于腐蚀性严重的地区，镀锌层厚度的确定应有可靠的依据。

光伏支架在运输与施工过程中，热浸镀锌层容易磨损、脱落，由于现场不具备热浸镀锌的条件，可采用喷锌的方式来补救，以维持结构的防腐性能。光伏支架部分构件之间、光伏支架与基础顶部预埋件之间有可能采用现场焊缝连接，焊缝处便成为光伏支架结构防腐的薄弱环节，也可采用现场喷锌的方法以确保结构有足够的耐久性。依据 GB 50046—2008《工业建筑防腐蚀设计规范》第 5.2.3 条，喷锌层厚度不宜小于 120 μm。值得说明的是，现场喷锌只是一种补救措施，适用于光伏支架小范围的热浸镀锌层缺失。而对于光伏支架大范围的热浸镀锌层缺失，则需要重新返工，再次进行热浸镀锌。

3）当铝合金材料与除不锈钢以外的其他金属材料或与酸、碱性的非金属材料接触、紧固时，应采用材料隔离。

4）铝合金支架应进行表面防腐处理，可采用阳极氧化处理措施，阳极氧化膜的厚度应符合表 8-3 的要求。

表 8-3   氧化膜的最小厚度

腐蚀等级	最小平均膜厚（μm）	最小局部膜厚（μm）
弱腐蚀	15	12
中等腐蚀	20	16
强腐蚀	25	20

8.1.1.4 支架允许偏差

固定及手动可调支架安装的允许偏差应符合表 8-4 中的规定。

表 8-4   固定及手动可调支架安装的允许偏差

项　目		允许偏差（mm）
中心线偏差		≤2
垂直度（每米）		≤1
水平偏差	相邻横梁间	≤1
	东西向全长（相同标高）	≤10
立柱面偏差	相邻立柱间	≤1
	东西向全长（相同轴线）	≤5

8.1.1.5 支架纵向刚度

由于前、后立柱及斜撑的存在，光伏支架横向刚度容易保证。为了提供必要的约束，避免出现纵向可动体系，需要在后立柱之间设置×型支撑。研究表明，鉴于安全与经济平衡原则，一个光伏阵列设置两个×型支撑较为合适，且两个×型支撑最好布置在光伏阵列的第二跨与倒数第二跨。为了确保×型支撑的安全性，×型支撑直径不宜小于 10mm。也有部分设计师持有不同的设计理念，倾向于只在光伏阵列中间设置一个×型支撑，此时×型支撑直径不宜小于 12mm。当然，这种方案更为简洁与经济。

8.1.1.6 预留接地孔

预留接地孔是光伏支架设计中容易忽略的一个环节。若未提前预留接地孔，而直接在现场打孔，施工难度颇大且不利于结构安全。

8.1.1.7 汇流箱支架

汇流箱支架设计方案总体上有两种：其一，汇流箱支架单独设置基础；其二，汇流箱支架生根于光伏支架上。由于第一种方案工程量较大，成本较高，现在已经很少采用。若采用第二种方案，则需要在光伏支架设计时，预先考虑汇流箱支架荷载，并预留足够的汇流箱支架生根空间。

8.1.2 光伏支架荷载

光伏支架荷载包括风荷载、雪荷载和温度荷载等，应按 GB 50009《建筑结构荷载规范》取值，并将其转换为 25 年一遇的荷载数值。地面和楼顶支架风荷载的体型系数取 1.3。建筑物立面安装的支架风荷载的确定应符合 GB 50009《建筑物结构荷载规范》的要求。

8.1.2.1 风荷载

现有研究表明，作用于光伏支架上的风荷载计算方法并无统一结论，尚存在一定争议，以下将几种常见的光伏支架风荷载模型逐一介绍。

（1）日本规范风荷载模型。

日本的光伏产业发展较早，经过长时间的积累，迄今已较为成熟。日本太阳光发电协会对作用于光伏方阵上的风压荷载形成了较为明确的规定，即

$$W = C_w \cdot q \cdot A_w \tag{8-3}$$

式中：W 为风压荷载，N；C_w 为风力系数，主要通过风洞实验确定；q 为设计风压，N/m^2；A_w 为受风面积。

设计风压 q 可依据式（8-4）确定，即

$$q = q_0 \alpha I J \tag{8-4}$$

式中：q 为设计风压，N/m^2；q_0 为标准风压，即地上高度 10m 处，50 年重现期内的最大瞬时风速对应的风压；α 为高度修正系数，即风压随地面高度不同而各异，需要进行高度修正；I 为用途系数，即与光伏发电系统重要程度相关的系数；J 为环境系数，即与场地地形和周围建筑物相关的系数。

高度修正系数 α 可由式（8-5）计算，即

$$\alpha = \left(\frac{h}{h_0} \right)^{1/n} \tag{8-5}$$

式中：α 为高度修正系数；h 为光伏阵列地面高度；h_0 为基准地面高度 10m；n 为高度变化系数，一般取 5。

风力系数 C_w、用途系数 I 和环境系数 J 可分别依据表 8-5～表 8-7 确定。

表 8-5 　　　　　　　　　　　　**风 力 系 数**

安装类型	风力系数			备　注
	顺风		逆风	支架为多个的情况，外围支架风力系数按本表取值，中部支架风力系数取本表值的 1/2 为宜。左边未标注 θ 角的 C_w 由下式得到： （正压）$0.65+0.009\theta$ （负压）$0.71+0.016\theta$ 其中，$15°\leqslant\theta\leqslant45°$
地面安装 （单独）	倾角			
	θ	C_w（正压）	C_w（负压）	
	15°	0.79	0.94	
	30°	0.87	1.18	
	45°	1.06	1.43	

表 8-6 　　　　　　　　　　　　**用 途 系 数**

序号	光伏发电系统分类	用途系数
1	极重要的光伏发电系统	1.15
2	普通的光伏发电系统	1.0
3	短时间或者极重要、普通以外的系统，且光伏阵列在地面高度2m以下的场合	0.85

表 8-7 　　　　　　　　　　　　**环 境 系 数**

序号	场地地形和周围建筑物情况	环境系数
1	如海面一样基本没有障碍物的平坦地域	1.15
2	树木、低矮建筑分布的平坦地域	0.90
3	树木、低矮建筑密集的地域，或者中层建筑（4～9层）的地域	0.70

（2）中国规范风荷载模型。

中国光伏产业发展为时不长，对光伏结构风荷载计算尚未形成专门的规范。可供借鉴的是 GB 50009《建筑结构荷载规范》，其对风荷载 w_k 规定如下：

$$w_k = \beta_z \mu_s \mu_z w_0 \tag{8-6}$$

式中：w_k 为风荷载标准值，kN/m^2；β_z 为高度 z 处的风振系数；μ_s 为风荷载体型系数；μ_z 为风压高度变化系数；w_0 为基本风压，kN/m^2。

对于光伏结构而言，其高度变化范围不大，风压高度变化系数 μ_z 可近似取为常数。值得说明的是，相比一般低矮建筑物而言，光伏结构柔度较大，风振效应较为显著。此外，光伏组件为脆性结构，一旦破坏便无法恢复。有鉴于此，光伏结构应该考虑风振系数 β_z 的影响。依据 GB 50009《建筑结构荷载规范》风荷载体型系

数 μ_s 可由表 8-8 确定。不难发现,与日本规范不同的是,中国规范认为光伏方阵上部与下部的体型系数是不同的,这是一个极为重要的结论,下文将会用到。

表 8-8　　　　　　　　　　　　　体 型 系 数

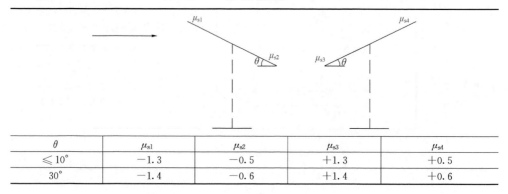

θ	μ_{s1}	μ_{s2}	μ_{s3}	μ_{s4}
$\leqslant 10°$	-1.3	-0.5	$+1.3$	$+0.5$
$30°$	-1.4	-0.6	$+1.4$	$+0.6$

(3) 一种新的风荷载模型。

为了确定作用于光伏方阵上的风荷载,Cosoiu 等 (2008) 开展了一系列风洞与数值实验,图 8-1 为风洞实验风压系数 C_p 分布图,数值实验的结果与之基本一

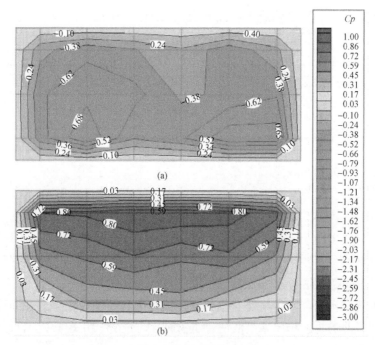

图 8-1　风压系数分布图

(a) 上表面风压分布系数数值模拟 (-45°受风面);(b) 下表面风压分布系数数值模拟 (-45°受风面)

致。仔细研究不难发现，作用于光伏方阵上的风压分布具有渐变性，即光伏方阵上端与下端的风压大小不一致，上端与下端之间的风压大体上均匀过渡。对于顺风情况，下端风压要大于上端风压；对于逆风情况，结果完全相反。事实上，上述结论与《建筑结构荷载规范》的规定大体一致。由此，完全可以提出一个新的光伏方阵风压分布模型：作用于光伏方阵上的风压呈梯形分布，而上端与下端的体型系数依据 GB 50009《建筑结构荷载规范》（即表 8-8）确定，风压（即梯形的上底与下底）则根据 GB 50009《建筑结构荷载规范》计算（即上文的风荷载计算公式），如图8-2所示。由于风压分布的不均匀性，作用于光伏方阵上的风荷载最终可以等效为一组集中力和弯矩（见图 8-3）。值得说明的是，本文模型的提出主要有两重意义：①可以实现光伏结构的精细化设计；②能够有效确定跟踪支架的推杆轴力。

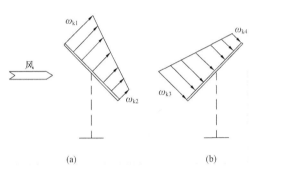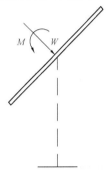

图 8-2　一种新的风压分布模型　　　　图 8-3　等效风荷载
（a）逆风；（b）顺风

8.1.2.2　地震作用

依据 GB 50191—2012《构筑物抗震规范》确定光伏支架地震作用。反复试算表明，在地震烈度Ⅷ度及其以下，地震作用一般不起控制作用。

8.1.2.3　温度作用

依据 GB 50797—2012《光伏发电站设计规范》，光伏支架结构设计需要考虑温度作用，但并未给出具体的分析方法。追本溯源，GB 50009—2012《建筑结构荷载规范》第 9 章给出了均匀温度作用的计算方法。

1）对结构最大温升的工况，均匀温度作用标准值按式（8-7）计算。

$$\Delta T_k = T_{s,max} - T_{0,min} \tag{8-7}$$

式中：ΔT_k 为均匀温度作用标准值，℃；$T_{s,max}$ 为结构最高平均温度，℃；$T_{0,min}$ 为结构最低初始平均温度，℃。

2）对结构最大温降的工况，均匀温度作用标准值按式（8-8）计算。

$$\Delta T_k = T_{s,min} - T_{0,max} \tag{8-8}$$

式中：$T_{s,min}$ 为结构最低平均温度，℃；$T_{0,max}$ 为结构最高初始平均温度，℃。

结构最高平均温度 $T_{s,max}$ 和结构最低平均温度 $T_{s,min}$ 宜分别根据基本气温 T_{max} 和 T_{min} 按热工学的原理确定。对于有围护的室内结构，结构平均温度应考虑室内外温差的影响；对于暴露于室外的结构或施工期间的结构，宜根据结构的朝向和表面吸热性质考虑太阳辐射的影响。

结构的最高初始平均温度 $T_{0,max}$ 和最低初始平均温度 $T_{0,min}$ 应根据结构的合拢或形成约束的时间确定，或根据施工时结构可能出现的温度按不利情况确定。

值得注意的是，对一端固接、一端自由的结构（如悬臂梁），其一端可以自由伸缩，是不存在均匀温度作用的；对于两端铰接的结构（如简支梁），其伸缩受到较弱的限制，存在一定的均匀温度作用；而对于两端固接的结构（如固接梁），其伸缩受到较强限制，均匀温度作用将颇为显著。不难发现，约束方式及强弱直接决定了均匀温度作用的大小。

对于不均匀温度作用（如太阳辐射等）具有其特殊性。例如，对于太阳辐射而言，结构阳面的温度变化要远大于阴面，导致阳面的膨胀变形较大，从而温度作用相对突出。除温度变化之外，温度作用还与结构尺度紧密相关，结构尺寸越大，温度作用越明显。因此，对于高层结构（或高耸结构）而言，由太阳辐射引发的不均匀温度作用很有可能成为控制荷载。然而，对于光伏支架结构而言，由于其高度多在 2m 以下，结构尺寸较小，不均匀温度作用微乎其微。

事实上，在笔者审核的数十项光伏发电工程中，所有光伏支架设计均未考虑温度作用。究其原因，可能是光伏阵列跨度较小，一般都在 30m 以下，可以认为光伏阵列是弱约束结构。对于弱约束结构而言，均匀温度作用几乎可以忽略。依据 GB 50017—2003《钢结构设计规范》第 8.1.5 节，露天结构纵向温度区段跨度小于 120m 时，一般情况下可不考虑温度应力和温度变形的影响。而光伏阵列纵向温度区段跨度一般远小于 120m，故可以不考虑均匀温度作用的影响。又由于光伏支架高度多在 2m 以下，高度方向尺度较小，不均匀温度作用亦可忽略。

尽管如此，为了降低温度作用的影响，结构连接不宜设计过刚，可考虑适当增加连接处的柔性，如适当增加一些弹性垫片、设置一些温度伸缩缝，留出结构在温度作用下的变形空间，即可有效降低温度作用的影响。

8.1.2.4　光伏支架荷载组合

（1）无地震作用时光伏支架荷载。

依据 GB 50797—2012《光伏发电站设计规范》无地震作用效应组合时，荷载效应组合的设计值应按式（8-9）确定。

$$S = \gamma_G S_{GK} + \gamma_w \psi_w S_{wK} + \gamma_s \psi_s S_{sK} + \gamma_t \psi_t S_{tK} \qquad (8\text{-}9)$$

式中：S 为荷载效应组合的设计值；γ_G 为永久荷载分项系数；S_{GK} 为永久荷载效应标准值；S_{wK} 为风荷载效应标准值；S_{sK} 为雪荷载效应标准值；S_{tK} 为温度作用标准值效应；γ_w、γ_s、γ_t 为风荷载、雪荷载和温度作用的分项系数，取 1.4；ψ_w、ψ_s、ψ_t 为风荷载、雪荷载和温度作用的组合值系数。

无地震作用效应组合时，位移计算采用的各荷载分项系数均应取 1.0；承载力计算时，无地震作用荷载组合值系数应符合表 8-9 的规定。

表 8-9   无地震作用组合荷载组合值系数

荷载组合	ψ_w	ψ_s	ψ_t
永久荷载、风荷载和温度作用	1.0	—	0.6
永久荷载、雪荷载和温度作用	—	1.0	0.6
永久荷载、温度作用和风荷载	0.6	—	1.0
永久荷载、温度作用和雪荷载	—	0.6	1.0

注 表中"—"号表示组合中不考虑该项荷载或作用效应。

（2）有地震作用时光伏支架荷载。

有地震作用效应组合时，荷载效应组合的设计值应按式（8-10）确定。

$$S = \gamma_G S_{GK} + \gamma_{Eh} S_{EhK} + \gamma_w \psi_w S_{wK} + \gamma_t \psi_t S_{tK} \qquad (8\text{-}10)$$

式中：S 为荷载效应和地震作用效应组合的设计值；γ_{Eh} 为水平地震作用分项系数；S_{EhK} 为水平地震作用标准值效应；ψ_w 为风荷载的组合值系数，应取 0.6；ψ_t 为温度作用的组合值系数，应取 0.2。

有地震作用效应组合时，位移计算采用的各荷载分项系数均应取为 1.0；承载力计算时，有地震作用荷载分项系数应符合表 8-10 的规定。

表 8-10   有地震作用组合荷载分项系数

荷 载 组 合	γ_G	γ_{Eh}	γ_w	γ_t
永久荷载和水平地震作用	1.2	1.3	—	—
永久荷载、水平地震作用、风荷载及温度作用	1.2	1.3	1.4	1.4

注 1. γ_G：当永久荷载效应对结构承载力有利时，应取 1.0。

   2. 表中"—"号表示组合中不考虑该项荷载或作用效应。

值得注意的是，依据 GB 50797—2012《光伏发电站设计规范》，不论是无地震作用效应组合还是有地震作用效应组合，温度作用均已成为荷载组合的主力军。如果将某光伏发电工程的光伏支架设计得过刚，温度作用此时已经无法忽略。计算表明，5℃温差导致的均匀温度作用在组合荷载中约占 30%，这已经是一个不小的比例，需要引起光伏支架结构设计师的重视。

8.1.2.5 施工检修荷载

支架设计应对施工检修荷载进行验算，并应符合以下规定：

1）施工检修荷载宜取 1kN，也可按实际荷载取用，作用于支架最不利位置。

2）进行支架构件承载力验算时，荷载组合取永久荷载和施工检修荷载，永久荷载的分项系数取 1.2，施工或检修荷载的分项系数取 1.4。

3）进行支架构件位移验算时，荷载组合取永久荷载和施工检修荷载，分项系数均应取 1.0。

8.1.3 光伏支架设计实例

8.1.3.1 固定式光伏支架设计

图 8-4 是实际工程中较少采用的光伏支架形式，迄今只有极少数设计院仍然使用。然而，本例对于掌握光伏支架基本概念、计算过程十分有用，故仍然保留。在本光伏发电项目中，拟选用 40mm×40mm×4mm 的方钢管，材质为 Q235B，热浸镀锌处理，镀锌层平均厚度不小于 $85\mu m$。

本工程的主要设计条件：

1）基本风速 30m/s；

2）光伏板自重为 $0.13kN/m^2$；

3）地震设防烈度为Ⅶ度，地震加速度为 $0.10g$；

4）一年四季无雪；

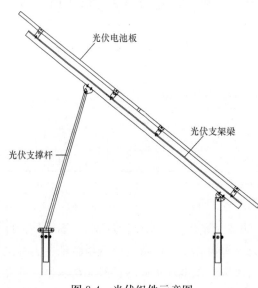

图 8-4 光伏组件示意图

5）建筑场地类别为Ⅱ类。

一般地，光伏组件示意如图8-4所示。其中，光伏支撑杆用以支撑光伏支架梁并调整光伏电池板倾角；光伏支架梁上可安装光伏电池板；光伏电池板，可将太阳能转化为电能。在使用过程中，可通过调整支撑杆的位置调节光伏电池板与水平面的夹角。下面将以此光伏组件为例进行光伏支架结构设计。

（1）重力荷载计算。

$$G = G_M + G_K$$

式中：G 为总重力荷载；G_M 为光伏组件重力荷载；G_K 为支撑物等重力

荷载。通过计算可得光伏组件质量为 15.5kg，支撑物质量为 18kg，则总重力荷载 G 为

$$G = (15.5 + 18) \times g = 33.5 \times g \approx 335 \ (\text{N})$$

（2）风荷载。由于光伏支架风荷载模型尚存争议，本工程依据较为成熟的日本光伏支架风荷载模型计算。即

$$W = C_w q A_w$$

式中：设计风压 $q = q_0 \alpha I J$，q_0 为基准风压，$q_0 = \frac{1}{2} \rho V_0^2$。

空气密度在夏天和冬天不一样，从安全角度考虑，设计时取数值较大的冬天空气密度 $1.274 \text{N} \cdot \text{s}^2/\text{m}^4$，$v_0 = 30\text{m/s}$，得

$$q_0 = 0.5 \times 1.274 \times 30^2 = 573 \ (\text{N/m}^2)$$

风荷载高度修正系数 α 按下式确定：

$$\alpha = \left(\frac{h}{h_0}\right)^{1/n}$$

式中：h 为光伏阵列距离地面的高度；h_0 为基准高度，通常取 10m；n 为高度修正因子，本项目取 5。

$$\alpha = \left(\frac{4}{10}\right)^{1/5} = 0.83$$

用途系数 I 是与太阳能光伏发电系统的重要程度相对应的系数。普通太阳能光伏发电系统的设计周期为 50 年，此时，用途系数 $I = 1.0$。

环境系数 J 是与太阳能光伏阵列的安装场所和建筑物情况等对应的系数。本方案使用场地较为平整，因此取环境系数 $J = 1.15$。

风力系数 C_w 可依据光伏组件的倾角以及风向确定，本项目取较大值 1.3。

则设计风压 q 为

$$q = q_0 \cdot \alpha \cdot I \cdot J = 573 \times 0.83 \times 1.0 \times 1.15 = 547 (\text{N/m}^2)$$

受风面积 A_w 为

$$A_w = 1.58 \times 0.808 = 1.28 (\text{m}^2)$$

风荷载 W 为

$$W = C_w \cdot q \cdot A_w = 1.3 \times 547 \times 1.28 = 910 \ (\text{kN})$$

由于本项目所处场地地震加速度为 $0.10g$，地震设防烈度为Ⅶ度，依据 GB 50797—2012《光伏电站设计规范》，对于地面用光伏组件的支架，当设防烈度小于Ⅷ度时，可以不进行抗震验算。此外，由于本项目所在地一年四季无雪，故不考虑雪荷载的影响。因此，经多项荷载组合后可得总荷载 S 为

$$S = 1.0G + 1.0W = 335 + 910 = 1245 (\text{N})$$

（3）与光伏组件连接的方钢管的弯曲校核。

光伏支架结构形式如图 8-5 所示，其相应的结构受力模型见图 8-6。由光伏支架受力模型可知，作用于光伏组件上总荷载最终将等效为均布荷载，即总荷载 1245N 均匀分布到光伏组件上。由受力分析可知，对于本光伏支架而言，弯矩最大值出现在简支段，而非悬臂段。弯矩最大值为

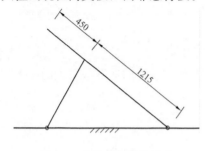

图 8-5 光伏支架结构形式

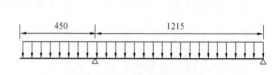

图 8-6 光伏支架受力模型

$$M = \frac{q_1 l^2}{8}$$

式中：q_1 为单位长度荷载，l 为跨距。则

$$M = \frac{\dfrac{1245 \times 1.215}{1.665 \times 1.215} \times 1.215^2}{8} = 138 \ (\text{N} \cdot \text{m})$$

弯曲应力 σ_1 为

$$\sigma_1 = \frac{M}{Z}$$

式中：Z 为截面抵抗矩。因为杆件采用的是方钢管，且有两根受力，其截面系数 $Z = 6.11\text{cm}^3$。则

$$\sigma_1 = \frac{138 \times 100}{2 \times 6.11} = 4517 \ (\text{N/cm}^2)$$

材料 Q235B 的强度设计值为 21 500N/cm²，$\sigma_1 = 4517 < 21\ 500\text{N/cm}^2$，故构件满足承载力要求。

（4）方钢管杆件变形校核。

最大载荷时，构件的弯曲挠度 δ 可近似由下式确定：

$$\delta = \frac{5Pl^3}{384EI}$$

式中：P 为总荷载；E 为材料的纵向弹性模量，取 $20.6 \times 10^6 \text{N/cm}^2$；$I$ 为截面惯性矩，取 12.21cm^4。

$$\delta = \frac{5Pl^3}{384EI} = \frac{\dfrac{5 \times 1245 \times 1.215}{1.665} \times 1.215^3}{384 \times 20.6 \times 10^6 \times 12.21 \times 2} = 0.04\,\text{cm}$$

对于跨距 1.215m 的简支梁，其位移量为 0.4mm。依据 GB 50797—2012《光伏电站设计规范》第 6.8.8 条，受弯主梁的挠度容许值 [δ] 为

$$[\delta] = \frac{l}{250} = \frac{1215}{250} = 4.86\,(\text{mm})$$

所以，方钢管杆件变形满足要求。

（5）支撑杆的压曲荷载。

本方案中有两根支撑杆，计算中认为总荷载均匀分布在两根支撑杆上，单根承受的荷载为总荷载的一半，即 $P = 1245/2 = 622.5\text{N}$。

压曲荷载由欧拉公式求出，即

$$P_k = \frac{n\pi^2 EI}{l^2}$$

式中：P_k 压曲荷载；I 为轴向截面惯性矩；n 为由两端约束条件决定的系数；E 为纵向弹性模量；l 为压杆的有效长度。

$$P_k = \frac{1 \times 3.14^2 \times 20.6 \times 10^6 \times 12.21}{98^2} = 208\,\text{kN}$$

由于 $P_k = 208\text{kN}$ 大于 622.5N，即屈曲荷载大于单根支撑杆承受轴压荷载，所以支撑杆是安全的。

（6）支撑杆的拉伸强度。

两根支撑杆在逆风时，受扬力作用，产生拉伸。认为荷重均布在两根支撑杆上。单根荷载为总荷载的一半。

拉伸应力为

$$\sigma = \frac{P}{A}$$

式中：P 为构件拉力，$P = 1245/2 = 622.5\text{N}$；$A$ 为构件截面积，查表得 $A = 5.347\text{cm}^2$。

$$\sigma = \frac{622.5}{5.347} = 116.4\,\text{N/cm}^2$$

由于强度设计值为 21 500N/cm²，则有 116.4＜21 500，是安全的。

事实上，在掌握上述计算方法的基础上，利用结构计算软件（尤其是内嵌相关结构规范的结构计算软件）进行计算将取得事半功倍的效果。常见的光伏支架结构计算软件有 pkpm、同济大学 3d3s、sap2000 等。在结构计算时，可建立二维平面模型，也可建立三维空间模型。二维平面模型简单、高效，计算结果偏于保守。三

维空间模型较为复杂，有利于考虑结构空间效应，实现结构精细化设计。

8.1.3.2 固定光伏支架三维结构设计

某 80MW 光伏发电项目位于内蒙古自治区巴彦淖尔市，场地海拔高度 1329.70～1330.70m，极端最高气温 39.4℃，极端最低气温−35.3℃。基本风速偏大，设计基本风压为 0.60kN/m²，基本雪压为 0.30kN/m²。设计基本地震加速度值为 0.05g，抗震设防烈度为Ⅵ度。建筑场地类别为Ⅱ类，场地属抗震有利地段，无地震液化问题。环境类别为二 b 类。每个光伏阵列上布置 2×20 个光伏组件，光伏支架倾角为 39°。

考虑到极端最低气温为−35.3℃，材料选用 Q235D 钢。考虑到环境荷载比较大，光伏支架前立柱采用 C80×60×15×3，后立柱采用 C80×60×15×2.5，主梁采用 C80×60×15×3，檩条采用 C80×60×15×2。拟采用同济大学 3d3s 软件进行建模与计算。光伏阵列三维空间模型如图 8-7 所示，严格依据 GB 50797—2012《光伏发电站设计规范》进行荷载组合，所得计算结果最大值见表 8-11。表中给出了结构强度、刚度、稳定性各项指标中的最大值及所在单元。值得注意的是此处的最大值均为相对值，即为最大值与临界值的比值。结果表明，本项目光伏支架设计是安全的，同时保留了适中的安全裕度，能兼顾安全与经济。

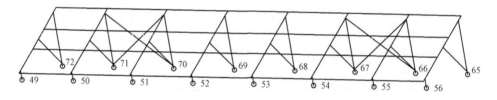

图 8-7 光伏阵列三维空间模型

表 8-11   光伏支架结构计算结果

	强度	绕2轴整体稳定	绕3轴整体稳定	沿2轴抗剪应力比	沿3轴抗剪应力比	绕2轴长细比	绕3轴长细比	沿2轴相对挠度	沿3轴相对挠度
所在单元	71	71	71	11	71	109	109	7	16
数值	0.940	0.942	0.942	0.012	0.213	1370	1370	1/1938	1/935

8.1.3.3 斜单轴跟踪光伏支架设计

以某斜单轴跟踪光伏阵列（见图 8-8）为例进行分析。单轴跟踪支架倾角为 30°，跟踪范围［−45°，＋45°］。光伏方阵上安装 6 块组件，每个组件的尺寸为 1650mm×990mm，光伏方阵面积 A_w 为 9.8m²。光伏方阵安装在我国西北某空旷、平坦场地，设计基本风速为 30m/s。以下将分别基于日本规范、中国规范、本文提出的新模型分别计算作用于光伏方阵上的风荷载。

图 8-8　斜单轴跟踪光伏阵列

1）根据日本规范，设计风压 q 为

$$q=q_0 \alpha IJ=0.58 \times 0.72 \times 1.15 \times 1.15=0.55 \ (\text{kN/m}^2)$$

则作用于光伏方阵上的风荷载 W 为

$$W=C_w q A_w=1.43 \times 0.48 \times 9.8=7.71 \ (\text{kN})$$

2）依据中国规范，设计风压 w_k 为

$$w_k=\beta_z \mu_s \mu_z w_0=1.47 \times 1.4 \times 1.0 \times 0.58=1.19 \ (\text{kN/m}^2)$$

注意，此处体型系数 μ_s 保守地取 1.4。

则作用于光伏方阵上的风荷载 W 为

$$W=w_k A_w=1.19 \times 9.8=11.66 \ (\text{kN})$$

3）基于本文提出的新模型，设计风压 w_{k1} 为

$$w_{k1}=\beta_z \mu_{s3} \mu_z w_0=1.47 \times 1.4 \times 1.0 \times 0.58=1.19 \ (\text{kN/m}^2)$$

设计风压 w_{k2} 为

$$w_{k2}=\beta_z \mu_{s4} \mu_z w_0=1.47 \times 0.6 \times 1.0 \times 0.58=0.51 \ (\text{kN/m}^2)$$

平均风压 $\overline{w}_k$ 为

$$\overline{w}_k=(w_{k1}+w_{k1})/2=(1.19+0.51)/2=0.85(\text{kN/m}^2)$$

则作用于光伏方阵上的风荷载 W 为

$$W = w_k A_w = 0.85 \times 9.8 = 8.33(\text{kN})$$

表 8-12 给出了基于三种模型计算的风荷载。研究表明，基于中国规范计算的风荷载要远大于日本规范，显得过于保守。容易发现，依据本文提出的新模型计算的风荷载则与日本规范相近，同时避免了日本规范认为光伏方阵上风压均匀分布的缺陷。

表 8-12 三种模型风荷载比较 kN

模 型	日本规范	中国规范	新模型
风荷载	7.71	11.66	8.33

此外，依据本文提出的新模型，光伏方阵在跟踪过程中将产生不均匀风荷载，并将大大增加推杆轴力。在光伏方阵跟踪过程中，光伏方阵上端与下端的体型系数不同，从而引发不均匀风荷载，最终导致弯矩的产生。简言之，光伏方阵上弯矩存在的关键原因在于其上、下端体型系数各异。当光伏方阵处于 0° 位置时（见图 8-9），上下两部分光伏方阵不存在体型系数差异，故而作用于其上的弯矩基本为零，推杆轴力克服摩擦力矩即可完成跟踪过程。当光伏方阵处于 45° 位置时（图 8-9），上下两部分光伏方阵体型系数绝对值与差值均为最大，此时作用于其上的摩擦力矩与弯矩相应最大，推杆轴力需同时克服风荷载弯矩与摩擦力矩方可完成跟踪过程。在 [0°，45°]，推杆轴力可按线性插值。在 [−45°，0°]，可按相似的办法处理。当光伏方阵处于 45° 位置时，推杆轴力可依据下述方法确定。

旋转−45°时

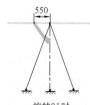
旋转0°时

旋转45°时

图 8-9 光伏阵列跟踪过程

已知光伏阵列长 $a = 2 \times 1.65 = 3.3\text{m}$，宽 $b = 3 \times 0.99 = 2.97\text{m}$，则作用于光伏方阵上的弯矩 M 为

$$M = \frac{1}{2}(w_{k1} - w_{k2}) \cdot a \cdot b \times \frac{a}{6} = \frac{1}{2} \times (1.19 - 0.51)$$

$$\times 3.3 \times 2.97 \times \frac{3.3}{6} = 1.83(\text{kN} \cdot \text{m})$$

主轴上的正压力 N 主要包括风荷载 W 和光伏方阵重力 G 两部分，即

$$N = W + G = \frac{1}{2}(w_{k1} + w_{k2})A_w + nmg$$

$$= 8.33 + 6 \times 20 \times 9.8 \times 10^{-3}$$

$$= 9.51(\text{kN})$$

摩擦力 f 为

$$f = uN = 0.1 \times 9.51 \approx 0.95(\text{kN})$$

推杆轴力 F_t、摩擦力 f、风荷载弯矩 M 三者建立力矩平衡如下

$$F_t l_0 = M + fr$$

已知光伏支架两个后立柱（构成等腰三角形）的夹角为 40°，推杆与光伏结构的两个交点距旋转轴心的距离均为 0.55m（见图 8-10）。不难计算，当光伏方阵处于 45° 位置时，推杆力臂约为 0.295m，则推杆轴力 F_t 为

旋转45°时

图 8-10 光伏阵列结构尺寸

$$F_t = \frac{M + fr}{l_0} = \frac{1.83 + 0.95 \times 0.04}{0.295} = 6.33(\text{kN})$$

仔细研究不难发现，当光伏方阵处于 45° 位置时，光伏方阵上弯矩与摩擦力矩最大，而此时的推杆力臂偏小，处于较为不利状态。

8.2 光伏支架基础设计

8.2.1 光伏支架基础设计基本原则

光伏发电站中，除光伏支架设计使用年限为 25 年以外，所有建（构）筑物基础的设计使用年限均为 50 年。换句话说，光伏支架设计使用年限与光伏支架基础具有不一致性：光伏支架在达到设计使用年限时，光伏支架基础仍需具有足够的可靠度，参见 GB 50068—2001《建筑结构可靠度设计统一标准》。

结构基础形式、地基处理方案应综合考虑地质条件、结构特点、施工条件和运行要求等因素，经技术经济比较确定。

光伏电站建（构）筑物基础抗震设防烈度，应按国家有关规定确定。地震烈度 6 度及以上地区建筑物、构筑物的抗震设防要求，应符合 GB 50011—2010《建筑抗震设计规范》的有关规定。

光伏支架基础设计时，岩土工程勘察报告应提供下列资料：

1）有无影响场地稳定性的不良地质条件及其危害程度。

2）场地范围内的地层结构及其均匀性以及各岩土层的物理力学性质。

3）地下水埋藏情况，类型和水位变化幅度及规律以及对建筑材料的腐蚀性。

4）在抗震设防区应划分场地土类型和场地类别，并对饱和砂土及粉土进行液化判别。

5）对可供采用的地基基础设计方案进行论证分析，提出经济合理的设计方案建议；提供与设计要求相对应的地基承载力及变形计算参数，并对设计与施工应注意的问题提出建议。

6）土壤电阻率。

7）地基土冻胀性、湿陷性、膨胀性评价。

光伏支架基础应根据国家相关标准进行强度、变形、抗倾覆和抗滑移验算，并采取相应的措施。且应符合 GB 50191《构筑物抗震设计规范》、GB 50007《建筑地基基础设计规范》、JGJ 94《建筑桩基技术规范》和 JGJ 79《建筑地基处理技术规范》等的规定。

在场地地下水位高、稳定持力层埋深大、冬季施工、地形起伏大或对场地生态恢复要求较高时，支架的基础宜采用螺旋钢桩基础。当采用螺旋钢桩基础时应满足相关构造要求。

天然地基的支架基础底面在风荷载和地震作用下允许局部脱开地基土，且脱开地基土的面积应控制不大于底面全面积的 1/4。

8.2.2　光伏支架基础设计关键问题

8.2.2.1　光伏支架基础检测比例确定

对于光伏发电工程而言，光伏支架桩基础的一个突出特点就是桩基总数量庞大。相对应的，如何确定桩基检测比例成为一个难题。例如，某 40MW 光伏发电站采用现浇钢筋混凝土桩柱基础，总桩基数量为 65 120 根。依据 JGJ 106—2003《建筑桩基检测技术规范》第 3.3.1 条：当设计有要求或满足下列条件之一时，施工前应采用静载试验确定单柱竖向抗压承载力特征值：①设计等级为甲级、乙级的桩基；②地质条件复杂、桩施工质量可靠性低；③本地区采用的新桩型或新工艺。检测数量在同一条件下不应少于 3 根，且不宜少于总桩数的 1%；当工程桩总数在 50 根以内时，不应少于 2 根。因此，该光伏发电工程桩基检测数目不宜少于 65 120×1%＝651.2≈652 根。显然，对如此多的桩基进行检测是完全没有必要的，必然会造成经济上的极大浪费。考虑到光伏支架基础的重要性与重复性，检测比例可以适当降低，将检测比例定为 0.3% 更为适宜。在降低检测比例的同时，需要更重视桩基检测的选择性：①施工质量有疑问的桩；②设计方认为重要的桩；

③局部地质条件出现异常的桩；④施工工艺不同的桩；⑤除上述规定外，同类桩型宜均匀随机分布。

8.2.2.2 光伏支架基础施工偏差

光伏发电结构具有较高的精密性，如果光伏支架基础施工偏差过大，必然导致其上的光伏支架、光伏组件无法安装。为此，需要对光伏支架基础轴线及标高偏差、基础尺寸及垂直度偏差、基础预埋螺栓偏差进行严格控制。

1）支架基础的轴线及标高偏差应符合表 8-13 的规定。

表 8-13 　　　　　　　　　　　**支架基础的轴线及标高偏差** 　　　　　　　　　mm

项 目 名 称	允 许 偏 差	
同组支架基础之间	基础顶标高偏差	≤±2
	基础轴线偏差	≤5
方阵内基础之间 （东西方向、相同标高）	基础顶标高偏差	≤±5
	基础轴线偏差	≤10
方阵内基础之间 （南北方向、相同标高）	基础顶标高偏差	≤±10
	基础轴线偏差	≤10

2）支架基础尺寸及垂直度允许偏差应符合表 8-14 的规定。

表 8-14 　　　　　　　　　　　**支架基础尺寸及垂直度允许偏差** 　　　　　　　mm

项目名称	允许偏差/全长
基础垂直度偏差	≤5
基础截面尺寸偏差	≤10

3）支架基础预埋螺栓偏差应符合表 8-15 的规定。

表 8-15 　　　　　　　　　　　**支架基础预埋螺栓偏差** 　　　　　　　　　　　mm

项目名称	允 许 偏 差	
同组支架的预埋螺栓	顶面标高偏差	≤10
	位置偏差	≤2
方阵内支架基础预埋螺栓 （相同基础标高）	顶面标高偏差	≤30
	位置偏差	≤2

事实上，控制光伏支架基础水平向、垂直向施工误差非常关键，如果控制不力，将出现光伏支架无法安装的情况（见图 8-11）。同时，需要强调的是，施工误差控制应以光伏阵列中的同一根桩为定位基准，以避免出现误差累积。

(a)　　　　　　　　　　　　　　　(b)

图 8-11　施工误差超标导致光伏支架无法安装
（a）施工垂直误差超标；（b）施工水平误差超标

8.2.3　基础选型

光伏支架通常采用的基础形式有钢筋混凝土独立基础、钢筋混凝土条形基础、螺旋钢桩基础、钢筋混凝土桩柱基础、岩石锚杆基础等。不同的基础形式有不同的适用范围，现将其分述如下，以供选型参考。

8.2.3.1　钢筋混凝土独立基础

钢筋混凝土独立基础（见图 8-12）是最早采用的传统光伏支架基础形式之一，也是适用范围较广的一种基础形式，它是在光伏支架前后立柱下分别设置钢筋混凝土独立基础，由基础底板和底板之上的基础短柱组成。短柱顶部设置预埋钢板（或预埋螺栓）与上部光伏支架连接，需要一定的埋深和一定的基础底面积；基础底板上覆土，用基础自重和基础上的覆土重力共同抵抗环境荷载导致的上拔力，用较大的基础底面积来分散光伏支架向下的垂直荷载，用基础底面与土体之间的摩擦力以及基础侧面与土体的阻力来抵抗水平荷载。它的优点是传力途径明确，受力可靠，适用范围广，施工无需专门施工机械。这种基础形式抵抗水平荷载的能力较强。

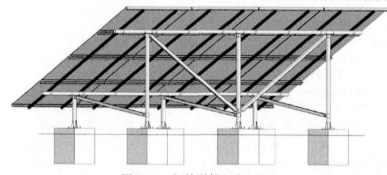

图 8-12　钢筋混凝土独立基础

但钢筋混凝土独立基础的缺陷十分明显：所需混凝土及钢筋工程量大，所需人工多，土方开挖及回填的量都很大，施工周期长，对周围环境破坏大。由于这种基础形式局限性较大，如今在光伏发电的工程中已经较少采用。

8.2.3.2 钢筋混凝土条形基础

钢筋混凝土条形基础（见图8-13）通过在光伏支架前后立柱之间设置基础梁，从而将基础重心移至前、后立柱之间，增大了基础的抗倾覆力臂，可以仅通过基础自重抵抗风荷载造成的光伏支架倾覆力矩；同时由于条形基础与地基土接触面积较大，此种基础形式可在场地表层土承载力较低的情况下采用，适用于场地较为平坦、地下水位较低的地区。由于现浇钢筋混凝土条形基础可以通过较大的基础底面积获得足够的抗水平荷载的能力，因此不需要较大埋深，一般埋深 $200\sim300\,\mathrm{mm}$ 即可，所以大大减少了土方开挖量。这种基础形式不需要专门的施工机具，施工工艺简单。

图 8-13　钢筋混凝土条形基础

钢筋混凝土条形基础需大范围的场地平整，对环境影响较大，混凝土量较大且施工养护周期较长，所需人工较多。此外，倘若场地地基承载力较低，条形基础埋深过小难以满足承载力要求。若为满足承载力要求而增大埋深，将导致成本大幅度增加。

8.2.3.3 螺旋钢桩基础

螺旋钢桩基础（又称钢制地锚，见图8-14）是近年来日益广泛使用的光伏支架基础形式，它是在光伏支架前、后立柱下均采用带有螺旋状叶片的热浸镀锌钢管桩，螺旋叶片可大可小、可连续可间断，螺旋叶片与钢管桩之间采用连续焊接。施工过程中，可用专业机械将其旋入土体中。螺旋钢桩基础上部露出地面，与上部支架立柱之间通过螺栓连接。其受力机理与日常生活中常见的螺丝钉相似，用配套机械将其旋入土体中，通过钢管桩桩侧与土体之间的侧摩阻力，尤其是螺旋叶片与土体之间的咬合力抵抗上拔力及承受垂直荷载，利用桩体、螺旋叶片与土体之间的桩土相互作用抵抗水平荷载。螺旋钢桩基础的优点突出：施工速度快，无需场地平整，无土方开挖量，最大限度保护场区植被，且场地易恢复原貌，方便调节上部支架，可随地势调节支架高度。对环境影响较小，所需人工少，今后进行回收时，螺旋钢桩仍可视情况得到二次利用。

图 8-14　螺旋钢桩基础

　　螺旋钢桩基础的主要缺陷是：工程造价相对较高，且需要专门的施工机械，最重要的是基础水平承载能力与土层的密实度密切相关，螺旋钢桩基础要求土层具有一定的密实性，特别是接近地表的浅层土不能够太松散或太软弱。倘若场地多为松散土或者软弱土，不能提供足够的桩土相互作用，在水平荷载作用下螺旋钢桩的水平位移将持续增大，容易导致光伏支架侧向倾斜。此外，螺旋钢桩耐腐蚀性能较差，尽管可以在螺旋钢桩表面采取热浸镀锌防腐措施，但仍然难以适应较强的腐蚀性环境。

　　事实上，成本较高是制约螺旋钢桩基础快速发展的瓶颈。然而，随着螺旋钢桩大规模化生产，其成本将大幅度下降，该劣势将逐渐淡化。就我国而言，在 2012 年之前，螺旋钢桩基础总投资要高于桩柱基础，但低于条形基础与独立基础；在 2012 年之后，螺旋钢桩基础总投资已经略低于桩柱基础，远低于条形基础与独立基础。日本与欧洲部分国家（如德国）的光伏产业已经比较成熟，这些国家大部分光伏支架采用螺旋钢桩基础，必然有其原因。施工速度快、环保性能佳是螺旋钢桩的两大突出特征，在不久的将来必然令其脱颖而出。"短、平、快"是光伏电站建设的必然要求，施工速度快能够把握先机，抢占市场，获得丰厚的经济效益；环保性能佳符合全球经济发展战略，螺旋钢桩及时回收与二次利用，有效地避免了建筑垃圾的出现。相比较而言，在光伏支架设计使用期过后，桩柱基础、独立基础、条形基础等钢筋混凝土基础则无法二次利用。

螺旋钢桩可根据光伏场区地质条件选用如图 8-15 所示的多种形式。鉴于螺旋钢桩的特殊性，其设计应满足下列要求：

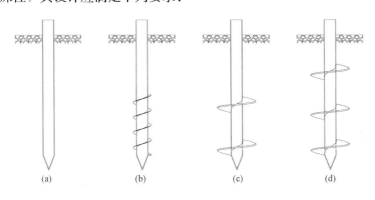

图 8-15　螺旋钢桩形式

（a）无外伸叶片；（b）连续螺旋叶片；（c）间断双层螺旋叶片；（d）间断多层螺旋叶片

1）依据 GB 50797—2012《光伏发电站设计规范》附录 C，"螺旋钢桩基础应满足光伏发电站 25 年的设计使用年限要求"。然而，依据《光伏发电站设计规范》第 10.4.1 节，"除光伏支架外的建（构）筑物的结构设计使用年限应为 50 年"，光伏支架外的建（构）筑物自然包括光伏支架基础，所以二者相互矛盾。本质上，矛盾的关键在于螺旋钢桩基础的属性问题。如果将螺旋钢桩归结为光伏支架不可分割的一部分，则其设计使用年限应为 25 年；倘若将螺旋钢桩列为光伏支架基础之一，与其他形式的光伏支架基础取齐，则其设计使用年限应为 50 年。随着经济的发展，结构可靠度要求的提升，为确保二次利用，螺旋钢桩的设计使用年限宜取 50 年为妥。

2）螺旋钢桩钢管壁厚不应小于 4mm；螺旋叶片外伸宽度大于等于 20mm 时，叶片厚度应大于 5mm；螺旋叶片外伸宽度小于 20mm 时，叶片厚度应不小于 2mm；螺旋叶片与钢管之间应采用连续焊接，焊缝高度不应小于焊接工件的最小壁厚。

3）螺旋叶片的外伸宽度与叶片厚度之比不应大于 30。

4）螺旋钢桩基础与支架连接节点在保证满足设计要求的承载力基础上，在高度方向上宜具有可调节功能，水平方向应采取措施避免支架立柱晃动。

5）基础与支架的连接应安全可靠，不宜现场切割和焊接；有现场焊接时应检验焊接强度，切割、焊接后需要进行防腐处理。

6）螺旋钢桩基础的防腐设计应满足电站使用年限的要求。当采用热镀锌防腐处理时，镀锌层厚度应符合 GB/T 13912《金属覆盖层钢铁制件热浸镀锌层技术要求及试验方法》的规定。一般来说，螺旋钢桩需埋入土内，腐蚀性相对上部光伏支架较大。此外，螺旋钢桩在打桩的过程中，热浸镀锌层会有一定的破坏。为此，螺旋钢桩的热浸镀锌层厚度应大于上部光伏支架。上部光伏支架热浸镀锌层厚度不宜小于 $85\mu m$，则螺旋钢桩热浸镀锌层厚度不宜小于 $100\mu m$。

7）季节性冻土区的螺旋钢桩基础除应符合 GB 50007《建筑地基基础设计规范》和 JGJ 94《建筑桩基技术规范》有关规定外，尚应进行基础的冻胀稳定性与螺旋钢桩基础的抗拔强度验算。

8.2.3.4 钢筋混凝土桩柱基础

钢筋混凝土桩柱基础分为现浇钢筋混凝土桩柱和预制钢筋混凝土桩柱两种。现浇钢筋混凝土桩柱（见图 8-16）采用直径约 300mm 的圆形现场灌注短桩作为支架生根的基础，桩入土长度约 2.0m，露出地面 300～500mm，桩入土长度需根据土层的力学性质确定，顶部预埋钢板或螺栓与上部支架前、后立柱连接。现浇钢筋混凝土桩柱受力机制与钢筋混凝土灌注桩相同，利用桩侧与土体之间的侧摩阻力抵抗支架在环境荷载作用下产生的上拔力，利用桩侧与土体之间的侧摩阻力及桩端与持力层之间的端阻力共同承受支架向下的荷载。这种基础型式施工过程简单，速度较快，先在土层中成孔，然后插入钢筋，再向孔内灌注混凝土即可。这种现浇钢筋混凝土桩柱的优点是节约材料、造价较低、施工速度较快，缺点是对土层的要求较高，适用于有一定密实度的粉土或可塑、硬塑的粉质黏土中，不适用于松散的砂性

图 8-16　现浇钢筋混凝土桩柱基础

土层中，松散的砂性土层易造成塌孔，土质坚硬的卵石或碎石土可能存在不易成孔的问题。

预制钢筋混凝土桩柱采用直径约 300mm 的预应力混凝土管桩或截面尺寸约 200mm×200mm 预制钢筋混凝土方桩直接打入土层中，顶部预留钢板或螺栓与上部支架前、后立柱连接。其受力原理与现浇钢筋混凝土桩柱相同，造价比现浇钢筋混凝土桩柱略高，优点是施工更为简单、快捷。

相比螺旋钢桩而言，钢筋混凝土桩柱基础由于底面积与侧面积相对较大，在相同的地质条件下容易获得较大的结构抗力。因为桩身材料为混凝土，结构防腐性性能较好。由于桩身材料与成桩工艺等因素的不同，钢筋混凝土桩柱基础制桩成本要低于螺旋钢桩基础。然而，钢筋混凝土桩柱基础会产生一定土方量，今后也不能回收利用。由于混凝土需要养护，其施工时间相对螺旋钢桩基础较长，但远快于钢筋混凝土独立基础和条形基础。

常见的钢筋混凝土桩柱基础有预制钢筋混凝土方桩、PHC桩、灌注桩等。

预制钢筋混凝土方桩（见图 8-17）通常是在工厂预制，故而桩体规整，桩身质量容易保证，抗腐蚀能力较强。由于预制桩一般是锤击（或者静压）入土，其施工效率较高，施工周期较短。此外，因为预制桩是挤土桩，对周边土有挤密作用，从而有较强的抗拔能力，能有效抑制光伏支架基础在遇强风时被拔出。然而，在施工过程中，桩顶标高不容易控制，对施工单位要求较高。

图 8-17　预制钢筋混凝土桩

PHC桩（见图 8-18）即预应力高强混凝土管桩，是预制钢筋混凝土桩中特殊的一种，故而同样具备预制钢筋混凝土桩施工效率较高、施工周期较短、挤土效应显著等诸多优点。此外，PHC桩还具备成本较低、价格低廉的优势，故而颇受投资方青睐。但是，PHC 桩具备抗剪、抗拔承载力较弱等缺点，由于光伏支架基础对抗剪、抗拔承载力要求不高，故而并不妨碍 PHC 桩在光伏电站中的应用。此外，PHC 桩还存在耐腐性性能较弱、与上部支架连较困难等缺陷，这是在光伏支架基础选型中需要重视的问题。

图 8-18　PHC 桩基础

灌注桩（见图 8-19）为现场灌注成桩，其桩身混凝土质量较难控制，容易产生短桩、缩（扩）径、夹泥和露筋等病害。另外，灌注桩需要现场浇筑混凝土，施工速度较慢，施工周期较长。灌注桩对周边土无挤密作用，并使周边土体产生应力松弛现场，不利于光伏支架基础抗拔。但是，由于灌注桩无需全长配筋，同时对混凝土强度等级要求较低，故其单价较低。由于灌注桩是在现场浇筑混凝土，桩顶标高较易控制，有利于光伏支架的安装。

图 8-19　灌注桩

8.2.3.5　岩石锚杆基础

钢锚杆基础的基本原理与螺旋钢桩基础类似，所不同的是钢锚杆多用于较硬的土层，如砾砂层、基岩等，钢锚杆表面不设叶片或设置直径很小的连续螺旋叶片，施工时需要采用机械在较硬的土层中预成孔，成孔直径大于钢锚杆直径，插入钢锚杆后灌注水泥浆，钢锚杆上部与支架柱连接。钢锚杆基础适用于较坚硬的基岩等土层。

如果要在岩石地基上（尤其是在山坡岩面上）建设光伏电站，岩石锚杆基础将成为首选的基础形式。岩石锚杆基础对岩石地基有一定的要求，需要岩石地基是中风化岩或者是微风化岩，强风化岩则不宜采用岩石锚杆基础。同时，还需要岩石地基不能存在明显的节理，以防在施工过程中岩石顺着节理开裂，从而导致岩石锚杆基础失效。

岩石锚杆基础在进行岩土工程勘测时，应根据具体情况适当增加钻孔数量，以确保岩层信息全面、详实、可靠。

岩石锚杆基础必须严格按照相关规范进行试桩与检测。

8.2.4 光伏支架基础实例

8.2.4.1 螺旋钢桩基础实例

某 20MW 光伏发电站建于青海省德令哈市，基本风压为 $0.35kN/m^2$，基本雪压为 $0.15kN/m^2$。场区 10m 深度内地层主要为第四系冲洪积角砾。根据其力学性质差异，由上至下依次分为二层：第①层，第四系上更新统冲洪积（Q3al＋pl）角砾层，杂色，稍湿，中密，含粉土透镜体，锹镐不易开挖。角砾含量 50%～60%，偶见次圆状卵石和碎石，充填细砂及粉土。层内可见白色盐碱结晶物。卵石磨圆相对较差。角砾成分以砂岩、花岗岩、灰岩为主。厚度一般 0.5～2.0m。第②层，第四系上更新统冲洪积（Q3al＋pl）角砾层，杂色，稍湿，密实。角砾含量 50%～70%，混有圆状卵石和碎石，充填细砂及粉土。砾石成分以砂岩、石英岩、花岗岩为主。该层未穿透，厚度大于 8m。场地建筑场地类别为Ⅱ类，场地地震动峰值加速度为 0.10g，场地基本烈度Ⅶ度。场址区地基土不存在地震液化问题。场地土对混凝土结构具弱腐蚀性，对钢筋混凝土结构中的钢筋具中等腐蚀性，对钢结构具中等腐蚀性。场区内土壤标准冻结深度为 1.6m。

在本项目中，综合考虑各项因素（如施工进度、采购成本等），应业主要求，采用螺旋钢桩基础。事实上，由于场地土对钢结构具有中等腐蚀性，且地层锹镐不易开挖，螺旋钢桩基础并非最理想的基础形式。为消除上述不利因素，拟采取以下措施：要求螺旋钢桩的热浸镀锌层厚度不小于 $100\mu m$，以确保其防腐性能；采用预成孔，灌浆处理，以解决螺旋钢桩打入困难问题。

经反复试算，确定螺旋钢桩（见图 8-20）基本参数如下：总长 $L=1600mm$，钢管桩外径 $D=76mm$，钢管桩壁厚 $t=3.5mm$，钢管桩埋入深度 $l_i=1400mm$，桩尖长

钢桩
$\phi D \times t$

螺旋

图 8-20 螺旋钢桩

$h_3 = 300\text{mm}$，桩端闭口。由勘测报告可知，第一层土深度 $l_1 = 1.1\text{m}$，极限侧阻力标准值 $q_{\text{slk}} = 135\text{kPa}$，极限端阻力标准值 $q_{\text{pk}} = 250\text{kPa}$，桩端土塞效应 $\lambda_p = 1$。经计算，钢桩周长 $u = 238.64\text{mm}$，桩端面积 $A_p = 4534.16\text{mm}^2$，桩自重 $G_p = 0.0907\text{kN}$。

依据 JGJ 94—2008《建筑桩基技术规范》第 5.3.7 条，钢管桩单柱抗压承载力标准值计算如下：

$$Q_{\text{uk}} = Q_{\text{sk}} + Q_{\text{pk}} = u \sum q_{\text{slk}} l_i + \lambda_p q_{\text{pk}} A_p = 36.57(\text{kN})$$

相应的单桩抗压承载力 Ra 为

$$Ra = Q_{\text{uk}}/2 = 36.57/2 = 18.73(\text{kN})$$

依据 JGJ 94—2008《建筑桩基技术规范》第 5.4.6 条，如无当地经验时，钢管桩基桩的抗拔极限承载力 T_{uk} 为

$$T_{\text{uk}} = \sum \lambda_i q_{\text{slk}} u_i l_i = 17.72(\text{kN})$$

其中，抗拔系数 λ_i 取 0.5。

依据 JGJ 94—2008 第 5.4.5 条，钢管桩基桩的抗拔承载力 N_k 为

$$N_k = T_{\text{uk}}/2 + G_p = 17.72/2 + 0.09 \approx 8.95(\text{kN})$$

轴心受拉或者轴心受压构件的应力为

$$\sigma = \frac{N}{A_p} = 11.233\text{N/m}^2 = 11.233\text{MPa}$$

将上述结果进行整理，可得

项　　目	抗压（kN）	抗拔（kN）	水平（kN）	强度（MPa）
上部结构传递至基础的荷载	9	5.7	3.4	11.23
支架基础极限承载力	18.3×1.2=22.0	8.95	7.3×1.2=8.8	235
结论	安全	安全	安全	安全

经比较不难发现，螺旋钢桩能有效地承受上部结构传递的荷载。此外，对于光伏支架基础而言，上拔力通常是控制荷载。

总体上，光伏支架基础与其他建（构）筑物基础设计并不存在根本性区别，其设计思路基本一致。相比较而言，光伏支架基础具备所需承受的荷载较小，结构形式较为简单的特点。

8.2.4.2 现浇钢筋混凝土桩柱基础实例

内蒙古巴彦淖尔某 80MW 光伏发电站场地在地貌单元类型上属剥蚀准平原地貌，地形较平缓开阔，总体地势为南高北低，西高东低，波形起伏。场地内揭露的地层主要为第四系风积、冲洪积的粉土、细砂、砾砂和粗砂地层。各土层性质分述如下：①层粉土：黄褐色，稍湿，稍密，含有机质，混砾，土质不均匀，局部含砂量大，表层含草根。该层场地内均有分布，层底标高 1318.5～1330.0m，厚度一般 0.3～1.3m，平均厚度 0.6m。②层细砂：褐黄色，稍湿，稍密～中密，级配一般，含少量中粗砂成分，局部地段表现为粉砂。该层场地内分布不均匀，个别地段缺失，层顶标高 1318.5～1330.0m，厚度一般 0.5～2.2m，平均厚度 1.1m。③层砾砂：灰白色，杂色，稍湿，密实，级配良好，混多量砾石，局部地段上层含粉砂。该层场地内分布不均匀，个别地段缺失，层顶标高 1317.6～1330.0m，厚度一般 0.6～4.8m，平均厚度 2.2m。④层中粗砂：米黄色，褐黄色，密实，稍湿，砂质较均匀。该层场地内均有分布，层顶标高 1316.1～1326.1m，15.0m 勘探深度范围内未揭穿该层。各土层的力学性质指标见表 8-16、表 8-17。

表 8-16 　地基土物理力学性质指标值

土层名称	状　　态	标贯击数平均值	重度 γ (kN/m³)	压缩模量 $E_{s0.1-0.2}$ (MPa)	黏聚力 c (kPa)	内摩擦角 φ (°)	承载力特征值 f_{ak} (kPa)
粉土	稍密	—	17.0	3.0	6.0	22.0	120
细砂	中密	16.3	18.0	9.0	—	25.0	150
砾砂	密实	39.1	18.5	25.0	—	40.0	300
粗砂	密实	43.7	19.0	20.0	—	35.0	280

表 8-17 　各地基土干作业成孔桩基设计参数表

地层编号	地基土名称	桩的极限侧阻力标准值 q_{slk} (kPa)	桩的极限端阻力标准值 q_{pk} (kPa)	抗拔系数
①	粉土	32	—	0.70
②	细砂	45	1100	0.60
③	砾砂	115	3500	0.70
④	粗砂	100	3600	0.70

场地地下水埋深一般大于 15.0m，可不考虑地下水对设计和施工的影响。地基土对混凝土结构具有微腐蚀性，对钢筋混凝土结构中的钢筋具有微腐蚀性，对钢结构具微腐蚀性。场地内不存在滑坡、崩塌、泥石流、采空区、溶洞等不良地质作

用。场地所在地区 50 年超越概率为 10％的地震动峰值加速度为 0.05g，相对应的地震基本烈度为Ⅵ度。建筑场地类别为Ⅱ类，场地属对建筑抗震有利地段，无地震液化问题。场地季节性冻土标准冻深为 1.90m。

本项目采用直径为 250mm 的现浇钢筋混凝土桩柱基础（见图 8-21），桩径不能进一步优化，否则将给制桩带来极大的困难。总桩长为 2.2m，桩身入土 1.9m，以保证基底位于标准冻深以下；桩顶高出地面 0.3m，桩顶预埋 U 形螺栓与上部光伏支架连接，U 形螺栓热浸镀锌处理。考虑到表层土的物理特性，在成孔过程中需要适当浇水。桩身混凝土强度等级为 C35，纵筋级别为 HRB335，承载力性状为摩擦端承桩，清底干净，端头不扩底，钢筋保护层厚度 35mm。计算内容包括单桩抗压承载力、单桩水平承载力、单桩抗拔承载力。具体计算过程如下：

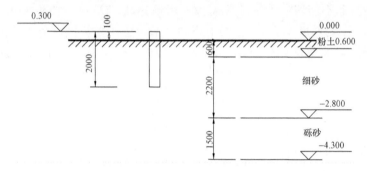

图 8-21　桩土关系简图

（1）单桩抗压承载力。

依据 JGJ 94—2008《建筑桩基技术规范》第 5.3.7 条，钢管桩单桩竖向承载力标准值可按下式计算：

$$Q_{uk} = Q_{sk} + Q_{pk} = u\sum q_{slk}l_i + \lambda_p q_{pk} A_p = 61 + 54 = 115(\text{kN})$$

由单桩竖向极限承载力标准值 Q_{uk} 与单桩竖向承载力特征值 R_a 之间的关系可得：

$$R_a = Q_{uk}/2 = 57.5(\text{kN})$$

（2）单桩水平承载力。

根据 JGJ 94—2008《建筑桩基技术规范》第 5.7.2 条，灌注桩的单桩水平承载力特征值：

$$R_{ha} = \frac{0.75\alpha\gamma_m f_t W_0}{\nu_M}(1.25 + 22\rho_g)\left(1 \pm \frac{\zeta_N N_k}{\gamma_m f_t A_n}\right)$$

$$= 15.82(\text{kN})$$

式中：α 为桩的水平变形系数，$\alpha = 1.494$（1/m）；γ_m 为桩截面模量塑性系数，$\gamma_m = 2.00$；f_t 为桩身混凝土抗拉强度设计值 $f_t = 1570.000$（kPa）；W_0 为桩身换算截面模量，$W_0 = 1.576\ 519 \times 10^{-3}$（m³）；$\nu_M$ 为桩身最大弯矩系数，$\nu_M = 0.628$；ζ_N 为桩顶竖向力影响系数，$\zeta_N = 0.50$；A_n 为桩身换算截面积，$A_n = 5.040\ 028 \times 10^{-2}$（m²）。

（3）单桩抗拔承载力。

根据 JGJ 94—2008《建筑桩基技术规范》，第 5.4.6 条，如无当地经验时，单桩的抗拔极限承载力可按下式计算：

$$T_{uk} = \sum \lambda_i q_{s1k} u_i l_i = 33.88 (kN)$$

式中：抗拔系数 λ_i 取 0.5。

依据 JGJ 94—2008《建筑桩基技术规范》第 5.4.5 条，钢管桩基桩的抗拔承载力可按下式计算：

$$N_k = T_{uk}/2 + G_p = 33.88/2 + 2.45 = 19.39 (kN)$$

将上述结果进行整理，可得：

项 目	抗压（kN）	抗拔（kN）	水平（kN）
上部结构传递 至支架基础的荷载	9.6	6.5	4.4
支架基础极限承载力	57.5×1.2＝69.0	19.39	15.82×1.2＝19.0
结论	安全	安全	安全

由上述结果不难得出以下结论：

1）由于螺旋钢桩属于批量生产，有固定的生产线，其截面尺寸通常是固定的，可选择范围较小。迄今，76mm 直径的螺旋钢桩比较常见，其极限承载力不大，不适用于地质条件差的场地。相比较而言，钢筋混凝土桩柱基础截面尺寸选择灵活性大，通过调整截面尺寸可以获取较大的极限承载力。

2）对于本项目而言，钢筋混凝土桩柱基础的安全裕度颇大。事实上，本项目桩柱基础的结构尺寸不仅取决于极限承载力，而且取决于制桩条件、标准冻深等其他因素。

8.3 水上光伏电站结构设计

8.3.1 水上光伏电站基础选型

水上光伏电站是一种全新的新能源理念（见图 8-22）。发展水上光伏电站，可以充分利用我国广阔的水域空间，从而节约陆地面积。由于水冷效应的存在，水上光伏发电效率要比陆上光伏略高一些。此外，水上光伏对生态环境破坏较小，倘若布置得当，还能美化环境。一般地，水上光伏基础可分为三大类：高桩承台基础（包括钢筋混凝土平台与钢平台）、单柱基础和悬浮式基础。

图 8-22　水上光伏电站

8.3.1.1　高桩承台基础（钢筋混凝土平台）

高桩承台基础（见图 8-23）适合于水深较深（大于 5m）、地质条件较弱（淤泥层较厚，持力层地基承载力特征值较小）、传递至桩顶的荷载较大的场地。高桩承台基础水平向桩间距取 6m 左右较为适宜，垂直向桩间距依据光伏阵列支架跨度确定。建议选用预应力高强钢筋混凝土管桩，因其成本低廉，且打桩过程简单、方便。基于工程水深较深，地质条件较弱，传递至桩顶的荷载较大，为了能够有效地抵抗弯矩，可采用双排桩承台基础。承台为钢筋混凝土平台：在钢筋混凝土管桩上浇筑钢筋混凝土梁，在钢筋混凝土梁上搭设钢筋混凝土预制板（采用钢筋混凝土预制板可以避免水上浇筑混凝土）。有了钢筋混凝土平台，光伏阵列支架即可生根。由于钢筋混凝土结构长期处于干湿交替的环境条件下，对混凝土及其中的钢筋均具有一定腐蚀性，故建议基础采用水工混凝土，混凝土强度等级在 C40 以上，并在混凝土中应添加混凝土防腐剂与钢筋阻锈剂。

由于采用钢筋混凝土平台，该方案防腐性能较好，结构成本较低；但结构自重大，且需要在水域上浇筑混凝土，施工难度颇大，施工周期较长。

8.3.1.2　高桩承台基础（钢平台）

钢平台高桩承台基础（见图 8-24）桩布置、结构尺寸与钢筋混凝土高桩承台基础完全一致。所不同的是，其承台为钢平台：在钢筋混凝土管桩的桩顶预埋埋件，在预埋件上焊接工字钢梁，在工字钢梁上搭设钢格栅板。搭设钢格栅板的主要目的是为了维护方便。若每年维护的次数不多，从节约成本的角度考虑，亦可不搭设钢格栅板，而改用驳船进行维护。事实上，为降低施工难度，可先在岸上将钢梁与钢格栅板装配完毕，再将其整体吊装至钢筋混凝土管桩上连接。由于钢结构中长期处于干湿交替的环境条件下，对钢结构具有较强的腐蚀性，故建议对其进行镀锌处理。

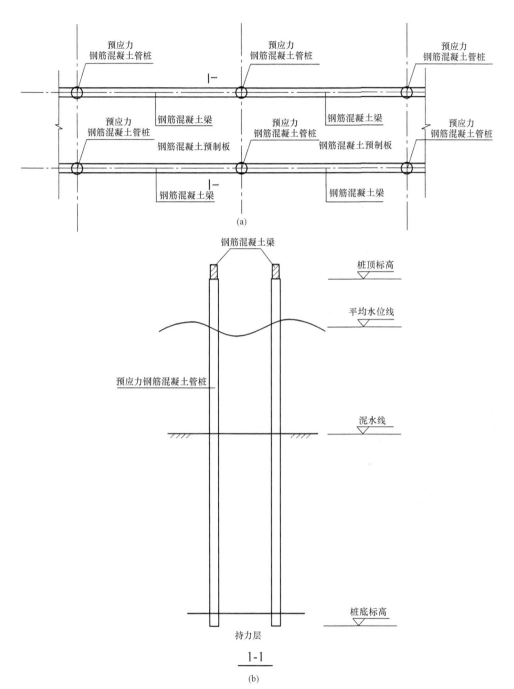

图 8-23 高桩承台基础（钢筋混凝土平台）

（a）混凝土平台高桩承台基础平面布置图；（b）混凝土平台高桩承台基础剖面图

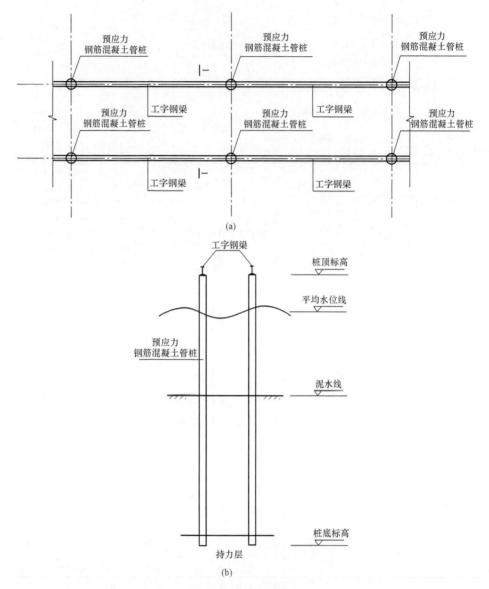

(a)

(b)

图 8-24 高桩承台基础（钢平台）

（a）平面布置图；（b）剖面图

由于采用钢平台，该方案防腐性能较差；但结构自重轻，整体美感强，施工较为方便，施工周期较短。

8.3.1.3 单柱基础

与风力发电机组不同的是，光伏发电设备承受的荷载（一般以风荷载为控制荷载）较小，且对支撑结构倾斜度的要求较低，故单柱基础（见图8-25）是一种比较理想的光伏支架基础形式。相比多桩基础而言，单柱基础优势明显：①节省材料，降低造价；②施工速度快，缩短施工周期。但是，单柱基础的承载能力却远不及高桩承台基础。其主要原因在于单柱基础的受力机制与高桩承台基础大相径庭。高桩承台基础依靠多桩的拉力（压力）与多桩之间的力臂来平衡上部结构传递的弯矩，而单柱基础则依靠桩端的受拉区与受压区形成的力偶及桩侧摩阻力形成的力偶来抵御上部结构传递的弯矩。一般地，由于光伏单柱基础埋深较浅、桩径较小，桩侧摩阻力形成的力偶相对较小，通常不起主导作用，主要依靠桩端阻力力偶来平衡上部结构传递的弯矩。

图 8-25　单柱基础

基础形式不同，其上部光伏支架亦随之而调整。对于单柱基础而言，通常采用两个钢斜撑支起光伏组件，钢斜撑与单柱基础之间连接通过抱箍实现，如此就建立了简洁、高效的光伏支撑结构（见图8-26）。事实上，由于单柱基础占用空间小，

图 8-26　光伏支架（对应于单柱基础）

前后排光伏组串之间的距离较为宽敞，方便行船与养鱼，倘若在空隙之间发展渔业，便形成了经典的渔光互补系统（见图 8-27），这种互补系统体现了工业与渔业两个行业之间的和谐共处，是资源综合利用、发展新能源的典范。

图 8-27　渔光互补系统

8.3.1.4　悬浮式基础

悬浮式基础采用锚索张拉体系（见图 8-28、图 8-29）。悬浮平台用锚索（钢缆）张拉固定，锚索借助锚桩定位于池底。锚索采用水工结构常用的钢缆，八根锚索分别从不同的方向张拉以稳定悬浮平台。锚桩为预应力高强混凝土管桩，桩保持一定的入土深度以满足基桩抗拔承载力要求，桩顶高出池底约 0.5m 用以固定锚索。悬浮平台采用压水板，压水板边长保持一定长度，并采取特殊构造形式方可保证平台垂直方向承载力。

悬浮式基础结构安全难以保证，在随机动力荷载（风、浪、地震等）作用下容易发生倾覆。事实上，悬浮式基础只有在深水领域才能体现成本优势。对于水深较浅的工程（如水深约为 5m）采用悬浮式基础，由于其结构形式较为复杂，结构构件较多，其成本非但不减，反而会有所增加。此外，悬浮式基础施工工艺复杂，施工难度颇大。

8.3.1.5　单柱基础与双柱基础比选

一般地，光伏支撑结构（包括光伏支架以及其基础）多采用双柱支撑结构，即采用前、后两个立柱共同支撑光伏组件。然而，随着渔光互补系统的蓬勃发展，单柱光伏支撑结构也跻身于主流光伏支撑结构的行列，又因为其独特的优势，逐渐引起业内的广泛关注，并受到部分业主的大力推崇，而其应用范围也不再仅限于渔光互补系统。为了掌握两种光伏支撑结构各自的具体特点，以下将从支架成本、支架基础成本、施工费用、施工周期等方面进行对比研究，为光伏支撑结构的概念设计（包括可行性研究、初步设计等）奠定基础。

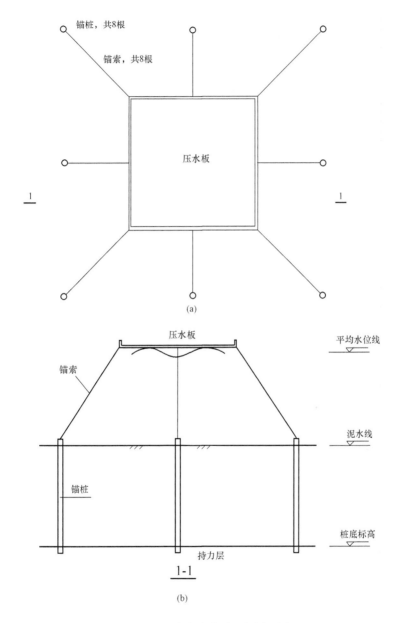

图 8-28 悬浮式基础平面与剖面图
(a) 平面布置图；(b) 剖面图

图 8-29　悬浮式基础

（1）支架成本对比。

单柱与双柱光伏支撑结构之间最根本的区别在于光伏支架不同。图 8-30 给出了双柱光伏支撑结构的立面图。不难发现，双柱光伏支撑结构主要由主梁、次梁、前支柱、后支柱、斜支撑、双柱基础等关键构件组成。双柱光伏支撑结构由前、后两个支柱以及斜支撑支起主、次梁，由主梁、次梁托起光伏电池板。前、后两个支柱与基础之间的连接通过焊接或者螺栓连接来实现。图 8-31 给出了单柱光伏支撑结构的立面图。由图可知，单柱光伏支撑结构主要由主梁、次梁、前支撑、后支撑、钢柱、抱箍、单柱基础等关键构件组成。单柱光伏支撑结构采用两个斜支撑支起主、次梁，从而托起光伏电池板，钢斜撑与单柱基础之间连接通过抱箍实现，具有简洁、高效的特点。显然，单柱光伏支撑结构前立撑、后立撑是双柱光伏支撑结构前立柱、后立柱的拉长版，且单柱光伏支撑结构又多了大型抱箍、钢柱等构件。因此，从定性上判断，单柱光伏支撑结构中支架成本相对较高。在河北省沧州市某 50MW 光伏电站项目的光伏支架招标过程中，6 家投标单位分别针对单柱与双柱光伏支架方案给出了光伏支架总用钢量（见表 8-18）。由表 8-18 可知，6 家投标单位中只有 4 家给出了单柱光伏支架的总用

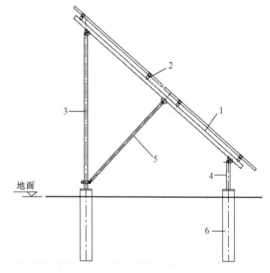

图 8-30　双柱光伏支撑结构立面图
1—主梁；2—次梁；3—前支柱；4—后支柱；
5—斜支撑；6—双柱基础

钢量，剩余 2 家明确告知在短时间内无法给出。此外，F 公司虽然给出了单柱光伏支架的总用钢量，但未能提供相应的图纸。由此可以判断，在众多光伏支架厂家当中，有为数不少的厂家并不具备单柱光伏支架的设计能力。6 家投标单位中，A、B、E 三家公司既给出了单柱光伏支架的总用钢量，又给出了相应的图纸，A、B

两家公司认为单柱光伏支架总用钢量比双柱光伏支架多约 700t，而 E 公司所得结论恰恰相反，认为单柱光伏支架总用钢量比双柱光伏支架少 140t。仔细审核 A、B、E 三家公司相对应的图纸，发现 A、B 两家公司的结论是较为合理的。

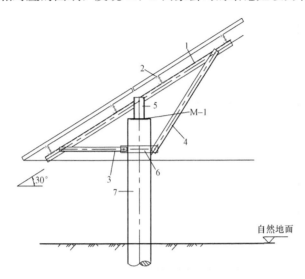

图 8-31 单柱光伏支撑结构立面图

1—主梁；2—次梁；3—前支撑；4—后支撑；5—钢柱；6—抱箍；7—单柱基础

表 8-18　　　　　　　　　某 50MW 光伏电站光伏支架总用钢量

投标单位	双柱（t）	单柱（t）	差值（单柱－双柱）（t）
A 公司	2695.2	3480.0	784.8
B 公司	2460.0	3142.0	682
C 公司	3250	无法提供	—
D 公司	2788.2	无法提供	—
E 公司	3300	3160	－140
F 公司	3852	4066	214

（2）支架基础成本对比。

光伏支架基础成本与基础尺寸紧密相关。在环境荷载与地质条件相同的条件下，光伏支架基础尺寸又取决于其受力机制。

如前所述，单柱光伏支架基础的受力机制与双柱光伏支架基础大不相同。双柱光伏支架基础依靠双桩的拉力（或压力）与双桩之间的力臂来平衡上部结构传递的弯矩，而单柱光伏支架基础则依靠桩端的受拉区与受压区形成的力偶和桩侧摩阻力形成的力偶抵御上部结构传递的弯矩。这导致了两种支架基础尺寸的不同。一般地，为了满足承载力要求，单柱光伏支架基础直径较大，入土较深。仍以河北省沧州市某50MW光伏电站项目为例，依据工程场址的环境荷载与地质条件，两种光伏支架基础均可采用直径400mm的预应力高强混凝土管桩（PHC桩）。对于单柱光伏支架基础而言，所需总桩长为5m；对于双柱光伏支架基础而言，每根柱所需桩长为2.5m，故所需总桩长亦为5m。因此，对于这个工程而言，光伏支架基础成本持平。然而，对于绝大部分工程而言，两者之间是存在一定差距的，而决定这个差距的一个重要因素是水深以及水下淤泥层厚度。一般来说，水深越深或者水下淤泥层的厚度越大，单柱光伏支架基础的优势越明显。原因在于，双柱光伏支架基础由于穿越水深以及淤泥层厚度导致桩长增加是单柱光伏支架基础的2倍。此外，立柱数目（即桩数）越多，承受的水流荷载越大。经验表明，当水深以及淤泥厚度大于2m时，单柱光伏支架基础更为经济。

（3）施工费用对比。

光伏支撑结构施工费用主要包括光伏支架安装费用与基础施工费用两部分。

对于光伏支架安装费用，单柱与双柱光伏支架相差无几。相比较而言，单柱光伏支架安装流程较为复杂，耗时较长。然而，双柱光伏支架桩顶标高调平相对困难，较为费时。总体上，单柱与双柱光伏支架安装费用基本相近。

光伏支架基础施工费用与总桩长成正比例关系。在总桩长相同的情况下，由于单柱光伏支架基础（单柱基础）只需要打桩一次，而双柱光伏支架基础需要打桩两次，在施工费用上，单柱比双柱光伏支架基础要略占优势。经验表明，单柱比双柱光伏支架基础施工费用少约5％。

（4）施工周期对比。

光伏支撑结构施工周期主要取决于光伏支架安装周期与基础施工周期。如前所述，单柱与双柱光伏支架的安装周期基本相同。单柱光伏支架基础在施工过程中，因为只需要打桩一次，有效地节省了桩机移机时间，从而使得施工周期大幅度缩短。相比双柱光伏支架基础施工而言，单柱光伏支架基础要节省1/4～1/3的施工周期。

（5）综合指标对比。

事实上，单柱与双柱光伏支撑结构对比应该综合考虑包括支架成本、支架基础成本、施工费用、施工周期等各项指标。由于不同的工程的侧重点各异，各项指标对应的权重亦各不相同。对于某一具体工程，基于加权系数法，即可分辨出单柱与双柱光伏支撑结构两者孰优孰劣。对渔光互补系统而言，水深较深，淤泥层厚度较大，两者之和往往超过2m，采用单柱光伏支撑结构更为经济。此外，由于单柱光伏支撑结构占用空间小，前后排光伏组串之间的距离较为宽敞，方便行船与养鱼，非常适用于发展渔业。再次，相比双柱光伏支撑结构而言，单柱光伏支撑结构施工周期有较大程度的缩减。从美学的角度来说，单柱光伏支撑结构显得简洁、高效。总体上，对于渔光互补系统而言，除支架成本以外，单柱光伏支撑结构在支架基础成本、施工费用、施工周期、工艺要求、美学层次均占较大优势，故而最终能以压倒性优势胜出。

8.3.2 水上光伏面临的共同问题

对于水上光伏电站而言，面临维修与冲洗困难、需要进行地基处理等诸多共同问题。

8.3.2.1 维修与冲洗

维修与冲洗是水上光伏电站设计应仔细考虑的问题。不同的结构的电站，其维修与冲洗方式大相径庭。倘若采用高桩承台基础形式，由于其自身包含了钢平台（或者混凝土平台），可供工作人员通行，故可通过自身携带的平台实现维修与冲洗。如果采用单柱基础形式，则宜通过行船来完成维修与冲洗。在进行光伏阵列布置时，应该考虑行船所需的通道以及行船掉头所需的空间。

8.3.2.2 地基处理

对于大部分水上光伏电站所处场地而言，最上层土质通常为淤泥层，其承载能力极弱，不适合做持力层。淤泥层的厚度也因地而异，较薄的地方约为1m，较厚的地方可达8m，甚至更厚。对于厚度较大的淤泥层，通常可采用两种处理方案：①增加桩长，使得桩体穿透淤泥层，并进入持力层一定深度，以满足承载力要求。当然，这种强硬的处理方案会导致成本大幅度增加。②采用地基处理方法（如采用注浆或者抛石等）来提高地基承载力以及减缓冲刷侵蚀。值得指出的是，并非所有场地都适合采用地基处理方案，也并非所有场地都能够采用地基处理方案。

一般地，在淤泥层厚度较小的情况下，增加桩长更为经济、方便。在淤泥层厚度较厚的情况下，采用地基处理方案较为经济、稳妥。

8.3.3 实例介绍

8.3.3.1 江苏东台某滩涂光伏发电站

江苏省东台市某30MW光伏发电工程（见图8-32）地处滩涂。勘探深度内均为第四系沉积物，本场区勘探深度范围内上部①～③层为第四系全新统（Q4）冲海相粉土、粉砂。现自上而下分述如下：①粉砂：新近沉积土，灰色，稍密，湿～饱和，含有机质及云母碎屑。全场分布，层厚2.80～4.60m。地基承载力特征值为100～110kPa，压缩模量为5.0～6.0MPa。②层粉土：灰色，稍密，湿～饱和，局部夹团块状黏性土。全场分布，层顶标高−6.70～−1.80m，层厚1.40～4.10m。地基承载力特征值为100～110kPa，压缩模量为5.0～6.0MPa。③-1层粉砂：(Q4)：灰色，稍密，饱和，含有云母碎屑，局部夹薄层黏性土。全场分布，层顶标高−9.10～−5.60m，层厚2.60～4.20m。地基承载力特征值为130～150kPa，压缩模量为8.5～10.0MPa。③-2层粉砂：(Q4)：灰色，中密，饱和，含有云母碎屑，局部夹薄层黏性土。全场分布，层顶标高−12.30～−9.30m，层厚5.90～

图8-32　江苏东台滩涂光伏发电工程

23.90m。地基承载力特征值为150～170kPa，压缩模量为9.0～11.0MPa。③-3层粉土：灰色，中密，饱和，局部夹薄层黏性土。仅在Z5号孔内揭露，层顶标高−15.70，揭露层厚7.20m。地基承载力特征值为100～120kPa，压缩模量为5.5～7.0MPa。考虑到第①层粉砂层上还存在约2m深的淤泥层，承载力特征值约50kPa，故而本工程持力层埋深较深，采用传统的双柱基础将导致成本大幅度提高，并将在一定程度上延长施工周期，故单柱基础更为合理。图8-33给出了与单柱基础对应的支架结构立面图。由结构分析计算与现场试桩结果可知，采用直径300mm、长5.5m的预应力高强混凝土管桩(PHC)基础能满足承载力要求，其他构件尺寸兹不赘述。

由于本工程地处滩涂，地基土、地下水中存在强硫酸根离子与强氯离子，从而二者对钢结构、混凝土及其内部的钢筋均为强腐蚀性，结构防腐任重道远。对于钢结构而言，采用热浸镀锌法和热喷涂锌铝复合涂层法进行防腐。钢构件在制作前必须进行彻底除锈，除锈质量等级为Sa2。本工程最小镀锌量为275kg/m²（双面）。镀锌应均匀，且与基本金属结合牢固，经锤击试验，锌层不应剥离或突起。采用热喷涂锌铝复合涂层时，喷涂前构件应加热，涂层厚度不小于100μm。对于单柱基础而言，依据GB 50046—2008《工业建筑防腐蚀设计规范》，对于强硫酸根离子的腐蚀性环境，应选用预制钢筋混凝土实心桩基础，而不应采用预应力混凝土管桩基础。经过调研，在强硫酸根离子的腐蚀性环境中，可以采用预应力混凝土管桩基础，但是必须辅以一定的防护措施：加大管桩壁厚、增加保护层厚度、加大钢筋直径以及添加复合型防腐阻锈剂等。根据图集《预应力混凝土管桩》(03SG409)，外径300mm的预应力高强混凝土管桩的壁厚为70mm，不妨令其增至95mm，并让其内预应力钢筋直径相应增大一个等级，并添加复合型防腐阻锈剂，如此就可以保证管桩的耐腐蚀能力，只是这种异形的预应力高强混凝土管桩需要提前向厂家预订。

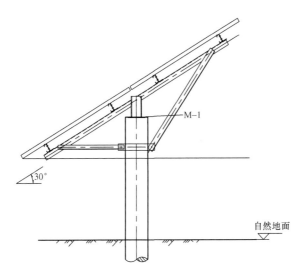

图 8-33　支架结构立面图

8.3.3.2　河北沧州某滨海光伏发电站

河北沧州渤海新区某 50MW 滨海光伏电站场地地貌属冲积滨海平原，现地面高程一般在 2.0～3.0m，池塘围堰地段为 3.00～4.00m，场地北侧为盐场晒盐池塘，南侧为荒草地和一般耕地并有民房等。地震动峰值加速度为 0.05g，相应的地震基本烈度为Ⅵ度。场地土类型为中软土，建筑场地类型为Ⅲ类，建筑场地属对建筑抗震不利地段。勘测场地地层由第四系全新统海相沉积层及陆相冲积层组成，除光伏场地北区晒盐池塘内地表为淤泥外，其他地段自地表至深度 3.0m 左右以全新统上组河漫滩沉积的黏性土为主；在 3.0～15.0m 范围内以全新统中组海相沉积的淤泥质黏土、粉质黏土、粉土为主；15.0～30.0m 范围内为上更新统第五组陆相冲积的粉质黏土、粉土、粉砂组成。各土层主要工程性质指标详见表 8-19。

场地环境类型为Ⅱ类，光伏场区地下水对混凝土结构具有强腐蚀性，干湿交替条件下地下水对钢筋混凝土结构中的钢筋具强腐蚀性，长期浸水条件下地下水对钢筋混凝土结构中的钢筋具弱腐蚀性。

场区地下水类型为第四系孔隙潜水，地下水埋藏深度为 0.0～1.50m，地下水位高程为 1.50～2.0m，年变幅在 0.50～1.00m，与周边的池塘、沟渠互为补充和排泄。

表 8-19   各地基土主要物理力学性质指标推荐值

地层编号	地基土名称	重力密度 (kN·m³)	压缩模量 E_s（MPa）		抗剪强度（快剪）		地基承载力特征值
			$E_{s0.1-0.2}$	$E_{s0.2-0.4}$	黏聚力 c（kPa）	内摩擦角 ϕ（°）	f_{ak}（kPa）
①	素填土	18.5	3.5		25.0	10.0	90
②	淤泥	15.0					50
③	粉质黏土	19.0	5.2		20.0	12.0	100
④₁	淤泥质黏土	18.0	4.0		10.0	6.0	80
④₂	粉土	19.5	12.0		14.0	22.0	140
④₃	粉质黏土	18.5	5.3		16.0	10.0	90
⑤	粉质黏土	19.0	6.0	8.0			120
⑥₁	粉质黏土	20.0	10.0	12.0			160
⑥₂	粉土	20.0	16.0	18.0			180
⑦	粉细砂	20.0	25.0	30.0			220

　　滩涂场地具备地基承载力较弱、土方开挖困难、地下水位浅以及腐蚀性较强等特征。为适应滩涂场地特点，摈弃钢筋混凝土独立基础土方开挖量大、需要施工降水的劣势，消除螺旋钢桩基础截面尺寸较小、防腐蚀性能较差的弊端，提出了一种新型的光伏支架基础形式：预制钢筋混凝土桩柱基础（见图8-34）。该基础形式可以直接机械沉桩，无需土方开挖及施工降水，可以采用较大的截面尺寸，并可以灵活设置桩长，有效改进了基础承载能力与抗沉降能力；同时配套多重防腐措施，提高了基础的防腐蚀性能和耐久性。这种新型基础在原有光伏支架基础的前提下改进了受力机制，避免了施工技术难题，完善了防腐措施，降低了混凝土用量，具有很好的安全性、耐久性与经济性。总体上，本项目在光伏支架基础设计中存在以下关键点：

　　（1）桩型选择。对于滩涂场地而言，为避免土方开挖、施工降水等施工技术难题，应采用可以直接机械沉桩的钢筋混凝土预制桩，而非现浇钢筋混凝土桩。在诸多钢筋混凝土预制桩中，宜采用混凝土预制实心桩，而非预应力混凝土管桩，因为后者的耐腐性能较差。若必须采用预应力混凝土管桩，则需要在管桩内用混凝土填芯。此外，预制桩还具有施工简便、速度快，所需人工少，经济性较好等优点。

　　（2）改进承载能力。对于滩涂场地而言，地基承载力通常较弱。相对螺旋钢桩基础而言，可以拥有较大的截面尺寸，大幅度增加了桩基础的侧阻力与端阻力，有效改进了基础承载能力与抗沉降能力。

　　（3）多重防腐措施。滩涂环境一般腐蚀性较强，采取提高混凝土强度等级（C40

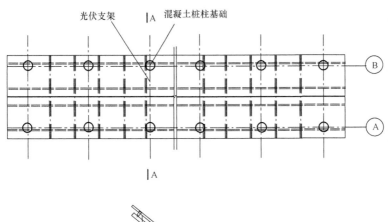

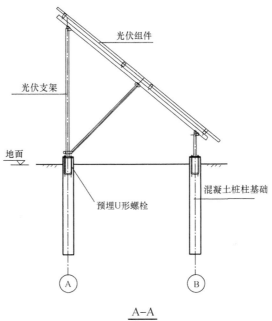

A-A

图 8-34 预制钢筋混凝土桩柱基础

以上)、增加保护层厚度（不小于40mm）、添加复合型防腐阻锈剂（要求对氯离子、硫酸根离子等腐蚀性介质均防腐效果）、桩柱表面涂环氧沥青（或聚氨酯沥青）涂层（厚度不小于$500\mu m$）等多重防腐措施，以提高结构防腐蚀性能与耐久性。

（4）沉桩方式。常见的沉桩方式有静压沉桩、振动沉桩、锤击沉桩三种。由于预制桩为与光伏支架连接需要在桩顶预埋钢板（或者预埋螺栓），采用锤击沉桩方式容易损坏桩顶预埋钢板（或者预埋螺栓），并且难以保证施工精度，故不建议使用。静压沉桩是一种较为理想的沉桩方式，鉴于滩涂场地地基承载力较弱，有些场地甚至表面有较厚的淤泥层，自重较大的静压沉桩机械可能无法入场，此时可考虑采用振动沉桩。

（5）桩柱基础与光伏支架连接。桩柱基础与光伏支架连接一般有焊接与螺栓连接两种。对于焊接，需要在桩顶预埋钢板；对于螺栓连接，则需要在桩顶预埋螺栓。焊接连接比较容易控制精度及准确安装，但由于自身存在裂纹、气孔、烧穿和未焊透等缺陷，容易在缺陷处形成应力集中，在腐蚀环境下的抗疲劳性能较差。螺栓连接在腐蚀环境下的抗疲劳性能较好，但囿于自身结构特征，其精度不容易控制，上部支架安装难度较大。桩顶在预埋螺栓之后，就不能再采用锤击沉桩方式，而应采用静压沉桩或者振动沉桩方式。

综上，本项目采用可以直接机械沉桩的预制钢筋混凝土方桩，并配以桩尖以方便沉桩与定位。预制钢筋混凝土方桩截面尺寸为 250mm×250mm，总桩长为 2.5m，桩入土 2.0m。为避免汛期水位过高淹没桩顶，桩顶高出地面 0.5m。为适应滩涂强腐蚀性环境，桩柱基础混凝土强度等级选用 C40，保护层厚度 40mm，添加复合型防腐阻锈剂，对氯离子、硫酸根离子等腐蚀性介质均有防腐效果，桩柱表面涂环氧沥青（或聚氨酯沥青）涂层，厚度 $500\mu m$。由于自重较大的静压沉桩机械无法入场，退而求其次采用振动沉桩方式。在沉桩过程中，需采取适宜的措施保护桩顶混凝土及预埋件不被破坏。考虑到螺栓连接不利于沉桩，且滩涂场地施工精度不容易控制，本项目光伏支架及其基础之间采用焊缝连接。焊接工作完成后，需立即喷锌防腐，喷锌层厚度不小于 $160\mu m$。

8.4 灰场光伏发电系统结构设计

灰场光伏发电系统是指将光伏电站建设于火电厂废弃贮灰场（见图 8-35）之

图 8-35 废弃贮灰场

上。显然，灰场光伏发电项目充分利用了火电厂废弃贮灰场的土地资源，不涉及征地、动迁等方面的投资，且可以利用火电厂完备的供电、供水设施。此类项目优化利用了各项已有资源，并对废弃资源实现了再利用，适应了国家发展新能源的战略要求。

8.4.1 灰场光伏发电系统特点

光伏电站要建于废弃贮灰场之上，必须与废弃贮灰场已有条件相适应。

一般来说，灰场光伏发电系统具有以下特点：

1）贮灰场自身需要具备一定的条件，即并非所有的贮灰场都适合建设光伏电站。首先，贮灰场必须已经废弃，否则持续堆灰将不断增加积灰高度，最终将整个光伏电站淹没。其次，贮灰场需要具备一定的地基承载力，才能满足光伏支架基础竖向与水平承载力要求，尤其是抗拔承载力要求。通常贮灰场积灰沉积时间越长，地基承载力特征值越大。此外，对贮灰场进行适当的地基处理（如碾压等），将大幅度提升其地基承载力。

2）积灰具有较强的腐蚀性。由于火电厂生产工艺的特点，积灰中富含各种酸根离子（如硫酸根离子、氯离子等），对建筑材料（如混凝土、钢筋、钢结构等）具有较强的腐蚀性，故而在勘测分析时需进行必要的积灰腐蚀性分析，在进行结构设计时应采取适宜的防腐措施。

3）贮灰场容易扬灰，导致光伏组件容易蒙灰，这将给冲洗带来较大的困难，并需要适当增加冲洗的频率。此外，光伏组件容易蒙灰也将导致发电效率有所下降。事实上，有规律地冲洗光伏组件不仅可以保持较高的发电效率，还可以增加积灰含水量，有利于恢复地面植被与提高地基承载力。

4）植被恢复不易。依据环境保护相关要求，在灰场光伏电站建设竣工之后，需要对其进行植被恢复。相比其他环境条件而言，在灰场上进行植被恢复的难度系数要大得多。

8.4.2 灰场光伏发电系统结构设计

灰场光伏发电系统与其他光伏发电系统相比，在光伏组件以及光伏支架结构设计上并不存在根本性的区别，但在基础选型、地基处理以及防腐措施等方面存在独特之处。

8.4.2.1 基础选型

光伏支架基础位于灰场贮灰区，不宜进行大开挖，故而不宜采用独立基础与条形基础。一般而言，灰场积灰因为诸多酸根离子的存在，对钢结构、混凝土以及其中的钢筋具有较强的腐蚀性，从而不宜采用耐腐蚀能力较弱的螺旋钢桩基础。倘若灰场积灰对钢结构的腐蚀性较弱，螺旋钢桩基础是一种不错的选择。首先，螺旋钢桩基础能够非常方便且快速地拧进贮灰场积灰中，具有一定的施工优势；其次，采用大叶片的螺旋钢桩基础能够较好地满足承载力要求，尤其是抗拔承载力要求。

倘若采用桩柱基础，在桩型选择上宜谨慎。对于灰场光伏发电系统，宜采用预制桩，而非钻孔灌注桩，因为在贮灰场上成孔的过程中容易出现塌孔现象。在诸多预制桩当中，宜采用预制钢筋混凝土方桩，而非预应力混凝土管桩，因为后者防腐性能较差。预制钢筋混凝土方桩宜采用锥形桩尖，以期在打桩过程中获取较好的挤土效应，从而提高地基承载力。

8.4.2.2　地基处理

倘若贮灰场充填的灰渣沉积时间不够长，灰渣孔隙比大、压缩系数高、承载力低、抗液化能力差，不能满足光伏支架基础对地基承载力的要求，需要进行适当的地基处理。结合贮灰场自身的特点，表面填土并分层碾压是一种较为理想的地基处理方式。如果分层碾压之后仍不能达到预期的地基承载力要求，则可采用灰土挤密桩方案以提高地基承载力。对于贮灰场而言，灰土挤密桩的原料可以就地取材，从而有效降低了成本。尽管如此，进行地基处理仍然会导致成本大幅增加。因此，应尽量选用地基承载力高的废弃贮灰场建设光伏发电站，以降低项目总投资，这是在选址过程中需要认真考虑的问题。

另外，适当增加积灰含水量对提高地基承载力颇有益处。较强的地基承载力是建设光伏电站的基本前提。

8.4.2.3　防腐措施

由上述基础选型可知，桩柱基础以及大叶片螺旋钢桩基础是适用于灰场光伏电站建设的两种基础形式。桩柱基础（尤其是预制钢筋混凝土方桩）本身具备较好地耐腐蚀性能，若在基础混凝土中添加复合型防腐阻锈剂，并在桩柱表面刷防腐涂层，将取得更为理想的防腐效果。螺旋钢桩基础自身防腐性能较差，但选取防腐性能较好的螺旋钢桩种类，并加厚钢桩表面的热浸镀锌层，也将取得不错的防腐效果。

总之，基础防腐性能好是灰场光伏电站的基本要求。

8.4.3　实例介绍

辽宁省朝阳市某火电厂有一贮灰场业已停止使用多年，为充分利用废弃贮灰场的土地资源，拟于其上建设光伏电站。拟建工程场址的地层岩性主要由第四系全新统冲积、洪积的粉土、粉质黏土、粗砂和圆砾组成。钻孔揭露的地层岩性自上而下叙述如下：杂填土，主要由黏性土、砂类土、碎石及砖头垃圾组成，堆积年限不长。厚度为 1.10～2.00m。①粉土，黄褐色，含氧化铁，稍密-中密，稍湿。局部夹有薄层粉细砂，无摇振反应，无光泽，干强度、韧性低。地基承载力特征值 f_{ak} = 160kPa，厚度为 0.90～9.00m。①₁ 粉质黏土，黄褐色，软塑—可塑。无摇振反应，稍有光泽，干强度、韧性中等。地基承载力特征值 f_{ak} = 150kPa，厚度为 1.00～10.00m。②₁ 粗砂，黄褐色，中密状态，稍湿，主要由长石、石英颗粒组成。分选一般，磨圆一般。含有少量大于 2.00mm 的砾石，该土层以透镜体形式存在，分布在上部土层和下部圆砾层的过渡段，地基承载力特征值 f_{ak} = 220kPa，层厚为 0.80～4.40m。②圆砾，黄褐色，母岩成分以灰岩、石英砂岩为主，分选差，磨圆中等，主要粒径2～10mm。中密—密实，湿—饱和。地基承载力特征值 $f_{ak}=350$kPa，层厚为6.00～9.00m。②₂粉质黏土，黄褐色，可塑。无摇振反应，稍有光泽，干强度、韧性中等。混砾石。地基承载力特征值 $f_{ak}=200$kPa，厚度为0.60～2.60m，分布不连续，为②层圆砾夹层。场地土类型为中硬土，建筑场地类别为Ⅱ类。地震动峰值加速度为0.10g，对应地震基本烈度为Ⅶ度。建筑结构安全等级为二级，丙类建筑。项目所在地的风荷载标准值为0.55kN/m²，雪荷载标准值为0.45kN/m²。

依据项目总体规划，光伏支架基础，逆变升压室基础，变电站建（构）筑物置于废弃灰场贮灰区。此灰场贮灰区自废弃后，已经进行过表面填土并碾压处理。贮灰场的积灰经多年沉积，已具备了一定的地基承载力。在工程建设之前，此块场地需进行必要的钻孔及勘测分析。结果表明，贮灰场积灰的地基承载力特征值已达到140kPa，积灰对建筑材料如混凝土及其中的钢筋均具有强腐蚀性。

根据工程背景资料，光伏支架基础位于灰场贮灰区，此地区不宜进行大开挖，故而不宜采用独立基础与条形基础。此外，积灰对混凝土及其中的钢筋均具强腐蚀性，由于螺旋钢桩基础耐腐蚀能力较弱，为确保结构的耐久性与可靠性，本次因地制宜采用桩柱基础，并在桩柱基础内添加复合型防腐阻锈剂可以取得较好的耐腐蚀能力。在桩型选择上，采用预制钢筋混凝土方桩，配置锥形桩尖，以期获取较好的挤土效应，从而提高地基承载力。

桩柱基础设计在满足承载力、抗弯以及抗拔验算的同时，综合考虑经济、施工等各项因素，可确定桩柱直径为300mm，长度为2.70m，其中伸入土层的长度为2.40m。为明确掌握桩柱基础在贮灰区的工作性能，从而实现光伏支架桩柱基础的优化设计，节省成本。在进行贮灰场岩土工程勘测的同时，完成了桩柱基础的试桩过程。试桩时采用的桩参数为直径300mm，长度2.70m，其中伸入土层的长度为2.40m。试桩时采用的抗拔力为15kN，抗压测试为15kN。试桩结果表明，桩柱基础能够较好地满足承载力要求。

第9章 PVsyst 软件的使用

9.1 概述

PVsyst 软件由瑞士 Geneva 大学环境科学学院开发，是光伏设计领域比较专业和权威的软件。

PVsyst 软件提供"初步仿真（Preliminary design）"和"详细仿真（Project design）"两种模式供使用者选用。应用较多的是采用"详细仿真"模式对并网光伏进行仿真。在这种情况下，软件以 1h 为步长，根据逐小时的辐射数据、项目地点、方阵参数和方阵布置 3D 模型等计算得到逐小时的方阵面上接收到的总辐射量，再将方阵面上每小时的总辐射量、气温等数据输入到光伏系统模型中，能量流经光伏组件、直流电缆、逆变器、交流电缆和变压器等设备，最终仿真得到并入电网的每小时的发电量，如图 9-1 所示。由每小时的发电量可以统计得到全年和各月的发电量。

在"详细仿真"模式下，单击"并网系统（Grid-Connected）"，即进入并网系

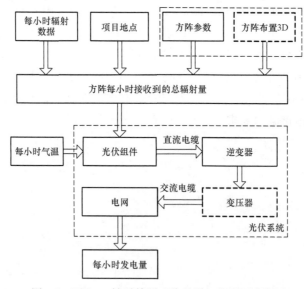

图 9-1　PVsyst 针对并网系统的详细仿真原理框图

统详细仿真的主界面，如图 9-2 所示。

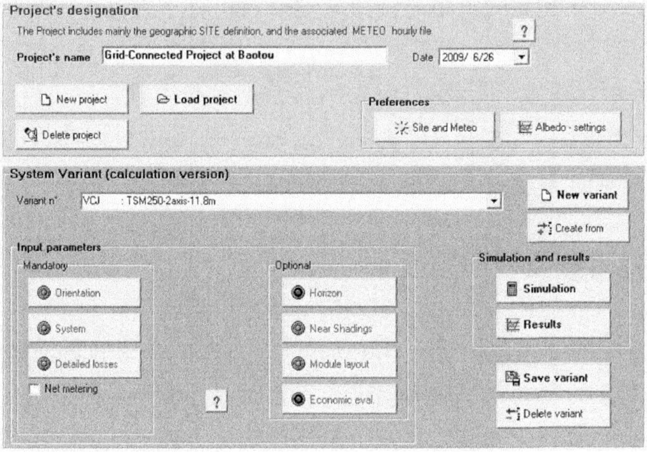

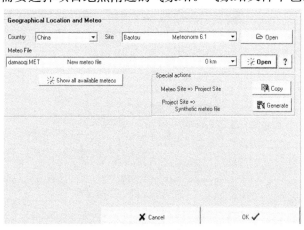

图 9-2　并网系统详细仿真主界面

　　为了便于读者快速学会该软件的使用方法，本章以位于内蒙古包头达茂旗的某 500kW 并网项目为例介绍 PVsyst 完整的建模、仿真过程。软件版本为 V6.07，其他版本使用方法与之相似。

9.2　设定项目地点和气象数据

　　在图 9-2 所示主界面单击"新建项目（New project）"，输入项目名称后，单击"地点与气象（Site and Meteo）"按钮，弹出图 9-3 所示的界面。

　　在图 9-3 所示的界面中，需要选择项目地点附近的气象站。气象站文件中包括气象站的经纬度、海拔、时区和每月的月平均气象数据。若软件数据库里未包括所需气象站，则可以在软件启动时弹出的主界面中单击"数据库（Databases）"按钮，在新界面中新建该站点，站点的相关资料优先选用实际地面气象站数据，若没有，建议选择从 Meteonorm 导入。

图 9-3　"地点与气象"主界面

图 9-3 中，"气象文件（Meteo file）"是真正用于仿真的每小时气象数据，它的来源有两种：当有实际的每小时气象数据时，可在"数据库"界面中导入，从图 9-3 界面中调用该文件；当没有实际的每小时气象数据时，可以单击图 9-3 界面中的"生成（generate）"按钮，由气象站的月数据自动生成。

单击图 9-2 中的"反射率（Albedo values）"还可以根据项目的具体情况调整地面反射率。

9.3　设定方阵类型和参数

单击图 9-2 中的"方位（Orientation）"按钮，在弹出的界面可以选择支架的类型，并设定支架的参数。当选用固定式支架时，还能显示所设定的支架方阵面上接收到的年总辐射量，作为倾角和方位角选择的参考。

9.4　设定光伏系统

单击图 9-2 中的"系统（System）"按钮，在弹出的界面可以设定组件、逆变器的型号和数量，组串的串并联方式等，如图 9-4 所示。单击图 9-4 中的"Show

图 9-4　"系统"设定主界面

sizing（显示匹配）"可以查看组件容量与逆变器容量的配比是否合适。

9.5 详细损失设定

单击图 9-2 中的"详细损失（Detailed losses）"按钮，可进入详细损失设定界面，如图 9-5 所示。损失的设定分为 6 个子界面，分别为："热参数（Thermal parameter）"、"欧姆损失（Ohmic Losses）"、"组件质量、初始衰减及不匹配（Module quality-LID-Mismatch）""污秽损失（Soiling Loss）""相对透射率损失（IAM loss）"和"不可利用率（Unavalibilty）"等。

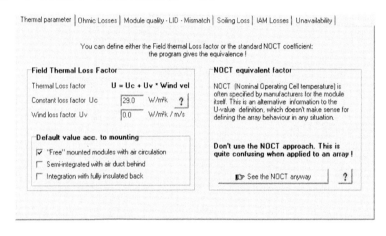

图 9-5 "详细损失"设定主界面

9.5.1 "热参数"设定

建议选择"根据安装形式设定默认值（Default value acc. To mounting）"。可选的安装形式共 3 种：①组件周围空气流动自由；②组件与建构筑物半结合、中间留有空气流通通道；③组件紧贴绝热建构筑物、无空气流通通道。对于地面并网光伏项目，一般选择①。

9.5.2 "欧姆损失"设定

"欧姆损失"设定界面包括直流、交流和变压器等三个部分。

直流损失：需要输入光伏系统所有直流线缆在 STC 下线损的百分比；若直流系统安装了防反二极管，则还需设定二极管的电压降，否则设为 0。

交流线损：需要输入光伏系统所有交流线缆在 STC 下线损的百分比。

逆变器出口变压器损失：需要输入变压器的额定空载损耗和 STC 条件下的负载损耗（粗略计算可用额定负载损耗代替）。另外，还需要根据电站运行的特点，选择逆变器出口的变压器夜间是空载运行还是从电网断开。

9.5.3 其他项损失的设定

在图9-6所示界面中，可以设定"组件质量（module quality）"损失、"初始损失（LID）"损失和"不匹配（mismatch loss）"损失。相关损失的取值可参考6.2.5章节、6.3章节和6.2.6章节。

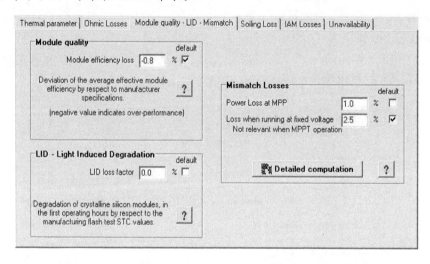

图9-6 "组件质量、初始衰减及不匹配"设定界面

在图9-7所示界面中，可以设定"污秽损失"。该项损失的取值可参见6.2.10章节。

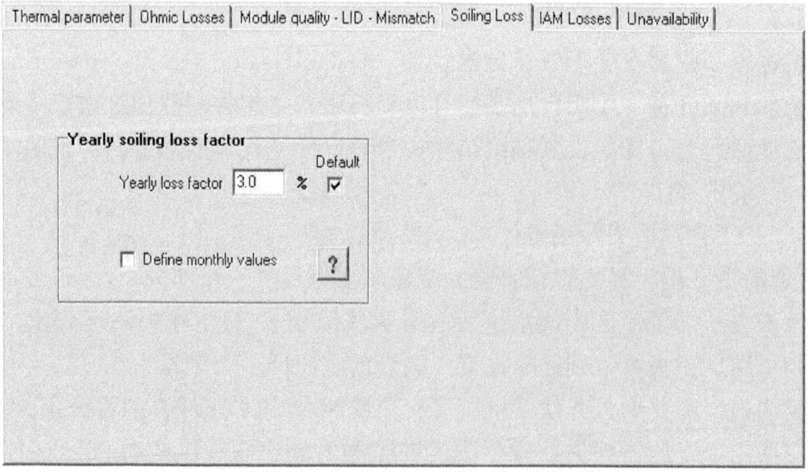

图9-7 "污秽损失"设定界面

在图 9-8 所示界面中，可以设定"相对透射率损失"。一般情况下，建议各项参数按软件默认值设定。

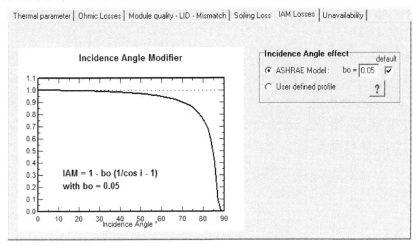

图 9-8　"相对透射率损失"设定界面

在图 9-9 所示界面中，可以设定"不可利用率"。该系数的取值要根据实际运行经验取值，一般可选为 1%～2%。

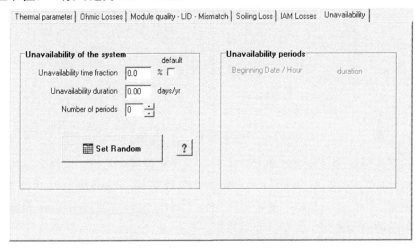

图 9-9　"不可利用率"设定界面

9.6　设定"远方遮挡"情况

当站区远方有山脉遮挡时，在图 9-2 中单击"远方遮挡（Horizon）"按钮，设定四个方位（-120°、-40°、40°和120°）下站址平面对山脉的平均仰角即可。

9.7 建立"近处遮挡"三维模型

在图 9-2 中单击"近处遮挡（Near Shadings）"按钮，即可进入设定界面，如图 9-10 所示。在这界面，可以选择"近处遮挡"的计算模式，即："线性模式"、"分割模式"和"详细模式"，这三者的区别见 6.2.1 章节。不管采用哪种模式，都需要首先单击"建模（Construction/Perspective）"按钮进入方阵场的三维模型建立界面，如图 9-11 所示。

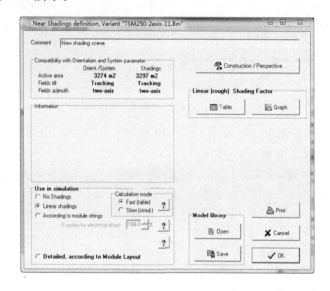

图 9-10 "近处遮挡"设定主界面

建立三维模型的过程这里不再详述。有三点建议或注意点：①在设定方阵尺寸时，注意其中有一项"边框尺寸"，默认值可能偏大，需要根据具体情况调整；②模型建完后，应进行复核，测量方阵尺寸、间距是否正确设定；③可以利用三维模型界面左侧的动画演示按钮，查看指定时间的遮挡情况。

对于"分割模式"，需要利用三维模型截面左侧的"组串分割（Partition in module chains）"按钮对模型中的每个方阵所包含的组串数量及排列方式进行指定。

要使用"精确模式"进行仿真，首先可采用"线性模式"完成整个仿真过程，然后在图 9-2 中单击"组串布置（Module layout）"，在弹出界面中根据方阵的实际情况对方阵的机械和电气布置进行详细设置后，在图 9-6 中选择"精确模式（De-

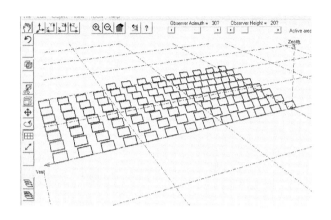

图 9-11　方阵场的三维模型建立界面

tailed，according to module layout)"，对整个系统重新进行仿真。

9.8　查看仿真结果

9.8.1　"仿真"设置

在正确完成以上所有设置后，单击"仿真"按钮，进入仿真设置界面。

"仿真"设置界面中包含"预定义（Preliminary definitions）"和"仿真时间（Simulation dates）"。

其中，"预定义"中"输出文件（Output File）"可以将需要重点研究的变量的每小时数值以数据文件的形式导出。

设置完成后单击"仿真"按钮即开始光伏系统仿真。

9.8.2　结果查看

在"仿真结果（Results）"界面中可以看到所模拟的光伏项目的基本情况、发电量计算结果等。

单击"报告（Reprot）"按钮可将仿真结果生产报告，从报告中可比较全面和直观的了解所模拟的光伏系统的情况。

附录 A 我国气象辐射观测站一览表

我国气象辐射观测站一览表见附表 A。

附表 A   我国气象辐射观测站一览表

序号	省份	编号	观测站区站号	地 点	纬 度		观测场海拔高度（m）	级别
					北纬	东经		
1	北京	1	54511	北京	39°48′	116°28′	31.30	一级站
2	天津	2	54527	天津	39°05′	117°04′	2.50	二级站
3	河北	3	54539	乐亭	39°26′	118°53′	10.50	二级站
4	山西	4	53487	大同	40°06′	113°20′	1067.20	三级站
		5	53772	太原	37°47′	112°33′	778.30	二级站
		6	53963	侯马	35°39′	111°22′	433.80	三级站
5	内蒙古	7	50527	呼伦贝尔盟（海拉尔）	49°13′	119°45′	610.20	二级站
		8	50834	索伦	46°36′	121°13′	499.70	三级站
		9	52267	额济纳旗	41°57′	101°04′	940.50	一级站
		10	53068	二连浩特	43°39′	111°58′	964.70	二级站
		11	53336	乌拉特中方旗海流图	41°34′	108°31′	1288.00	三级站
		12	53543	伊克昭盟东胜	39°50′	109°59′	1460.40	三级站
		13	54102	锡林郭勒盟（锡林浩特）	43°57′	116°04′	989.50	三级站
		14	54135	通辽	43°36′	122°16′	178.50	三级站
6	辽宁	15	54324	朝阳	41°33′	120°27′	169.90	三级站
		16	54342	沈阳	41°44′	123°27′	44.70	一级站
		17	54662	大连	38°54′	121°38′	91.50	三级站
7	吉林	18	54161	长春	43°54′	25°13′	236.80	二级站
		19	54292	延吉	42°53′	129°28′	176.80	三级站
8	黑龙江	20	50136	漠河	52°58′	122°31′	433.00	一级站
		21	50468	黑河	50°15′	127°27′	166.40	二级站
		22	50742	富裕	47°48′	124°29′	162.70	三级站
		23	50873	佳木斯	46°49′	130°17′	81.20	三级站
		24	50953	哈尔滨	45°45′	126°46′	142.30	一级站

序号	省份	编号	观测站区站号	地 点	纬 度		观测场海拔高度（m）	级别
					北纬	东经		
9	上海	25	58362	上海	31°24′	121°29′	6.00	一级站
10	江苏	26	58144	清江	33°38′	119°01′	14.40	三级站
		27	58238	南京	32°00′	118°48′	7.10	二级站
		28	58265	吕泗	32°04′	121°36′	5.50	三级站
11	浙江	29	58457	杭州	30°14′	120°10′	41.70	二级站
		30	58665	洪家	28°37′	121°25′	1.30	三级站
12	安徽	31	58321	合肥	31°52′	117°14′	27.90	二级站
		32	58531	屯溪	29°43′	118°17′	142.70	三级站
13	福建	33	58737	建瓯	27°03′	118°19′	154.90	三级站
		34	58847	福州	26°05′	119°17′	84.00	二级站
14	江西	35	57993	赣州	25°51′	114°57′	123.80	三级站
		36	58606	南昌	28°36′	115°55′	46.90	二级站
15	山东	37	54764	烟台	37°03′	121°15′	32.60	二级站
		38	54823	济南	36°36′	117°03′	170.30	二级站
		39	54936	莒县	35°35′	118°50′	107.40	三级站
16	河南	40	57083	郑州	34°43′	113°39′	110.40	一级站
		41	57178	南阳	33°02′	112°35′	129.20	三级站
		42	58208	固始	32°10′	115°40′	57.10	三级站
17	湖北	43	57461	宜昌	30°42′	111°18′	133.10	三级站
		44	57494	武汉	30°37′	114°08′	23.10	一级站
18	湖南	45	57649	吉首	28°19′	109°44′	208.40	三级站
		46	57687	长沙	28°13′	112°55′	68.00	二级站
		47	57874	常宁	26°25′	112°24′	116.60	三级站
19	广州	48	59287	广州	23°10′	113°20′	41.00	一级站
		49	59316	汕头	23°24′	116°41′	2.90	二级站
20	广西	50	57957	桂林	25°19′	110°18′	164.40	二级站
		51	59431	南宁	22°38′	108°13′	121.60	二级站
		52	59644	北海	21°27′	109°08′	12.80	三级站

序号	省份	编号	观测站区站号	地　点	纬　度		观测场海拔高度（m）	级别
					北纬	东经		
21	海南	53	59758	海口	20°02′	110°21′	13.90	二级站
		54	59948	三亚	18°14′	109°31′	5.90	一级站
		55	59981	西沙	16°50′	112°20′	4.70	三级站
22	重庆	56	57516	重庆	29°35′	106°28′	259.10	二级站
23	四川	57	56146	甘孜	31°37′	100°00′	3393.50	三级站
		58	56173	红原	32°48′	102°33′	3491.60	三级站
		59	56196	绵阳	31°27′	104°45′	486.30	三级站
		60	56294	成都	30°40′	104°01′	506.10	一级站
		61	56385	峨眉山	29°31′	103°20′	3047.40	三级站
		62	56666	攀枝花	26°35′	101°43′	1190.10	三级站
		63	57602	泸州	28°53′	105°26′	334.80	三级站
24	贵州	64	57816	贵阳	26°35′	106°44′	1223.80	二级站
25	云南	65	56651	丽江	26°52′	100°13′	2392.40	三级站
		66	56739	腾冲	25°01′	98°30′	1654.60	三级站
		67	56778	昆明	25°01′	102°41′	1892.40	一级站
		68	56959	景洪	22°00′	100°47′	582.00	二级站
		69	56985	蒙自	23°23′	103°23′	1300.70	三级站
26	西藏	70	55228	噶尔	32°30′	80°05′	4278.00	二级站
		71	55299	那曲	31°29′	92°04′	4507.00	三级站
		72	55591	拉萨	29°40′	91°08′	3648.70	一级站
		73	56137	昌都	31°09′	97°10′	3306.00	二级站
27	陕西	74	53845	延安	36°36′	109°30′	958.50	三级站
		75	57036	西安	34°18′	108°56′	397.50	二级站
		76	57245	安康	32°43′	109°02′	290.80	三级站
28	甘肃	77	52418	敦煌	40°09′	94°41′	1139.00	二级站
		78	52533	酒泉	39°46′	98°29′	1477.20	三级站
		79	52681	民勤	38°38′	103°05′	1367.00	三级站
		80	52889	兰州	36°03′	103°53′	1517.20	一级站

序号	省份	编号	观测站区站号	地 点	纬 度		观测场海拔高度（m）	级别
					北纬	东经		
29	青海	81	52754	刚察	37°20′	100°08′	3301.50	三级站
		82	52818	格尔木	36°25′	94°54′	2807.60	一级站
		83	52866	西宁	36°43′	101°45′	2295.20	二级站
		84	56029	玉树	33°01′	97°01′	3681.20	三级站
		85	56043	果洛	34°28′	100°15′	3719.00	三级站
30	宁夏	86	53614	银川	38°29′	106°13′	1111.40	二级站
		87	53817	固原	36°00′	106°16′	1753.00	三级站
31	新疆	88	51076	阿尔泰	47°44′	88°05′	735.30	二级站
		89	51133	塔城	46°44′	83°00′	534.90	二级站
		90	51431	伊宁	43°57′	81°20′	662.50	二级站
		91	51463	乌鲁木齐	43°47′	87°39′	935.00	一级站
		92	51567	焉耆	42°05′	86°34′	1055.30	三级站
		93	51573	吐鲁番	42°56′	89°12′	34.50	三级站
		94	51628	阿克苏	41°10′	80°14′	110.80	三级站
		95	51709	喀什	39°28′	75°59′	1288.70	一级站
		96	51777	若羌	39°02′	88°10′	888.30	三级站
		97	51828	和田	37°08′	79°56′	1374.50	二级站
		98	52203	哈密	42°49′	93°31′	737.20	二级站

附录B 不同纬度可能的日总辐射曝辐量

不同纬度可能的日总辐射曝辐量见附表B。

附表 B   不同纬度可能的总辐射曝辐量   MJ/（m² · d）

北纬	1月	2月	3月	4月	5月	6月	7月	8月	9月	10月	11月	12月
90	0.0	0.0	0.2	14.0	30.7	36.6	33.3	18.1	3.3	0.0	0.0	0.0
85	0.0	0.0	1.0	14.3	30.6	36.1	32.9	18.4	4.3	0.0	0.0	0.0
80	0.0	0.0	2.9	15.1	30.1	35.4	32.2	18.7	6.0	0.6	0.0	0.0
75	0.0	0.8	5.6	16.4	29.5	34.4	31.0	19.4	8.2	1.9	0.0	0.0
70	0.0	2.2	8.5	18.4	28.8	33.0	29.9	20.5	10.6	3.8	0.7	0.0
65	1.0	3.9	11.3	20.4	28.7	32.1	29.5	26.2	13.3	6.1	1.9	0.3
60	2.5	6.1	13.9	22.5	29.2	32.2	30.0	23.5	15.8	8.5	3.6	1.6
55	4.4	8.7	16.4	24.3	30.2	32.8	30.8	25.2	18.1	11.0	5.7	3.0
50	6.8	11.5	18.7	26.0	31.1	33.3	31.7	26.8	20.2	13.6	8.1	5.6
45	9.4	14.5	21.6	27.4	31.9	33.6	32.1	28.3	22.2	14.4	10.9	8.2
40	12.4	17.2	23.0	28.5	32.4	33.7	33.0	29.0	23.9	18.5	13.6	11.1
35	15.0	19.6	24.8	29.4	32.6	33.6	33.1	30.1	25.4	20.6	16.0	13.7
30	17.5	21.7	26.2	30.0	32.6	33.3	32.9	30.6	26.8	22.6	18.4	16.1
25	19.8	23.6	27.3	30.3	32.2	32.8	32.5	30.7	27.9	24.4	20.6	18.4
20	21.8	25.2	28.3	30.3	31.6	32.0	31.7	30.6	28.7	26.0	22.6	20.7
15	23.7	26.6	29.1	30.1	30.8	30.9	30.8	30.3	29.4	27.2	24.4	22.6
10	25.4	27.8	29.7	29.8	29.7	29.5	29.6	29.8	29.8	28.2	26.0	24.6
5	27.7	28.7	30.1	29.4	28.5	28.0	28.3	29.0	29.9	29.1	27.5	26.4
0	28.4	29.4	30.2	28.7	27.1	26.4	26.8	28.2	29.8	29.7	28.7	28.0

参 考 文 献

[1] 伟纳姆，等. 应用光伏学[M]. 狄大卫，高兆利，韩贝殊，等. 上海：上海交通大学出版
社，2007.

[2] 申彦波，等. 太阳能资源的名词与术语[EB/OL]. [2009-10]. http：//www. sac345. org. cn/
upload/userfiles/MCSY. pdf.

[3] 杨金焕. 太阳能光伏发电应用技术[M]. 北京：电子工业出版社，2009.

[4] 申彦波，赵宗慈，石广玉. 地面太阳辐射的变化、影响因子及其可能的气候效应最新研究进
展[J]. 地球科学进展，2008，23(9)：915-923.

[5] 莫月琴，杨云，梁海河，等. 我国气象辐射测量技术现状与发展的调研报告[C]. 第三届全
国虚拟仪器大会，2008，208：27-32.

[6] 中国气象局. 地面气象观测规范[M]. 北京：气象出版社，2008.

[7] METEOTEST. METEONORM Version 6.1 handbook[Z]. Switzerland：METEOTEST，
2010.

[8] 中国气象局气象信息中心气象资料室，清华大学建筑技术科学系. 中国建筑热环境分析专
用气象数据集[M]. 北京：中国建筑工业出版社，2005.

[9] NASA. Surface meteorology and Solar Energy (SSE) Release 6.0 Methodology Version3.1
[Z]. USA：NASA，2012.

[10] Janmes Hall，Jeffrey Hall. Evaluating the Accuracy of Solar Radiation Data Sources[EB/
OL]. www. solardatawarehouse. com/WhitePaper. pdf，2010-02-18.

[11] 王炳忠. 太阳辐射测量仪器的分级[J]. 太阳能，2011(15)：010.

[12] 蒋华庆，田景奎. 高倍聚光与双轴平板发电经济性分析[J]. 电力建设，2010 (9)：74-77.

[13] Shingleton，J. One-axis trackers-improved reliability，durability，performance and cost re-
duction. Subcontract Report SR-520-42769，National Renewable Energy Lab，2008.

[14] 克劳特(Krauter S)，等. 太阳能发电：光伏能源系统[M]. 王宾，董新洲. 北京：机械工
业出版社，2008.

[15] 沈杰. 一种光伏发电与太阳能热水联合应用装置[P]. 中国：201120470364.8，2011.

[16] 李俊峰，王斯成，张敏吉，等. 中国光伏发展报告[M]. 北京：中国环境科学出版
社，2008.

[17] EPIA. Martket Report 2012[Z]. Brussels：EPIA，2013.

[18] EPIA. Martket Report 2011[Z]. Brussels：EPIA，2012.

[19] EPIA. Global Market Outlook For Photovoltaics Until 2015 [Z]. Brussels：EPIA，2011.

[20] 李俊峰，王斯成，张敏吉，等. 中国光伏发展报告[M]. 北京：中国环境科学出版
社，2008.

[21] 梅辛杰，等．光伏系统工程[M]．王一波，廖华，伍春生．3 版．北京：机械工业出版社，2012．

[22] Evans, D L. Simplified method for predicting photovoltaic array output. Solar Energy, 27.6 (1981)：555-560.

[23] 张兴，孙龙林，许颇，等．单相非隔离型光伏并网系统中共模电流抑制的研究 [J]．太阳能学报，2009，30(9)：1202-1208．

[24] 苏娜．光伏逆变器地电流分析与抑制[D]．杭州：浙江大学，2012．

[25] 任官堂，胡成．提高光伏电站发电水平的研究与实践[J]．太阳能，2012，21：009．

[26] van Sark, W G J H M, et al. Review of PV performance ratio development. World Renewable Energy Congress. 2012.

[27] Reich, Nils H, et al. Performance ratio revisited：is PR> 90% realistic? . Progress in Photovoltaics：Research and Applications 20.6 (2012)：717-726.

[28] Dierauf, Timothy, et al. Weather-Corrected Performance Ratio. Contract 303 (2013)：275-300.

[29] 张杰，胡媛媛．大规模光伏电站的防雷评估及雷击风险管理[J]．通信电源技术，2011，28 (2)：13-18．

[30] 张彦昌，石巍．大型光伏电站集电线路电压等级选择[J]．电力建设，2012(11)：004．

[31] 无锡尚德电力公司．光伏组件光致衰减问题的讨论[EB/OL]．[2007-12]．http：//www. docin. com/p-395515687. html.

[32] 张彦昌，石巍，土杰，等．大型光伏电站集电线路的经济电流密度计算[J]．电力建设，2013，34(3)：50-53．

[33] Kimber, Adrianne. The effect of soiling on photovoltaic systems located in arid climates. [R] Proceedings 22nd European Photovoltaic Solar Energy Conference. 2007.

[34] Kimber, A, et al. The effect of soiling on large grid-connected photovoltaic systems in California and the Southwest region of the United States[C]. Photovoltaic Energy Conversion, Conference Record of the 2006 IEEE 4th World Conference on. Vol. 2. IEEE, 2006.

[35] Ian Muirhead. Barry Hawkins. Prediction of Seassonal and long term photovoltaic module performance from field test data[C]. Proc 9th international photovoltaic science and engineering conference, Nov 11-15 1996.

[36] Sushil A dhikari, S Kumar, Pinij Siripuekong. Comparison of Amorphous and single crystal silicon based residential grid connected pv systems：case of Thailand[C]. Technical Digest of the International PVSEC-14, Bangkok, Thailand, 2004.

[37] 施涛．光伏发电的微观选址[J]．电气应用，2013 (5)：17-17．

[38] 蒋华庆．光伏设备选型及设计特点[J]．电气应用，2012 (1)：15-15．

[39] 王克挺．光伏发电工程全过程项目管理应用研究[D]．北京：华北电力大学（北京），2011．

[40] 太阳光发电协会．太阳能光伏发电系统的设计与施工 [M]．刘树民，宏伟译．北京：科学

出版社，2006.

[41] 吉春明，朱庆东. 屋面光伏阵列荷载分析与结构承载力评估[J]. 武汉大学学报（工学版），2011，44(supp)：109-112.

[42] Cosoiu C I, Damian A, Damian R M, Degeratu M. Numerical and experimental investigation of wind induced pressure on a photovoltaic solar panel [C]// International Conference on Energy，Environment，Ecosystems and Sustainable Development. Algarve, Portugal：University of Algarve，2008：74-80.

[43] 山海建，蒋侃锁. 固定式光伏支架设计[J]. 黑龙江科技信息，2011，(19)：25-25.

[44] 贺广零，蒋华庆，单建东，等. 光伏方阵风荷载模型研究[J]. 电力建设，2012，33(10)：5-8.

[45] 张锋，贺广零. 单柱与双柱光伏支撑结构应用对比研究[J]. 发电与空调，2012，34(3)：13-15.

[46] Antonio Luque，Steven Hegedus. Handbook of Photovoltaic Science and Engineering. England：John Wiley & Sons Ltd，2002. 1～248.